Rajiv Kumar Sharma

Porter Diamond Framework Para Analisar Estratégias Competitivas em MPMEs

Rajiv Kumar Sharma

Porter Diamond Framework Para Analisar Estratégias Competitivas em MPMEs

ScienciaScripts

Imprint

Any brand names and product names mentioned in this book are subject to trademark, brand or patent protection and are trademarks or registered trademarks of their respective holders. The use of brand names, product names, common names, trade names, product descriptions etc. even without a particular marking in this work is in no way to be construed to mean that such names may be regarded as unrestricted in respect of trademark and brand protection legislation and could thus be used by anyone.

Cover image: www.ingimage.com

This book is a translation from the original published under ISBN 978-620-2-01352-9.

Publisher:
Sciencia Scripts
is a trademark of
Dodo Books Indian Ocean Ltd. and OmniScriptum S.R.L publishing group

120 High Road, East Finchley, London, N2 9ED, United Kingdom
Str. Armeneasca 28/1, office 1, Chisinau MD-2012, Republic of Moldova, Europe
Printed at: see last page
ISBN: 978-620-7-67968-3

ÍNDICE DE CONTEÚDOS:

I. As MPME e a QUALIDADE

Consideradas como o *"sangue vital das economias modernas"* e como uma das principais forças motrizes do desenvolvimento económico, estimulando a propriedade privada e as competências empresariais, as MPME diferem das grandes empresas em muitos aspectos, como o estilo de gestão, os processos de produção, a disponibilidade de capital, as práticas de compra, os sistemas de inventário e o poder de negociação. São flexíveis e podem adaptar-se rapidamente à evolução das condições de mercado e das situações de abastecimento, gerar emprego e dar um contributo significativo para as exportações e o comércio. O sucesso das grandes organizações na produção ou melhoria da qualidade dos produtos ou serviços depende da qualidade dos produtos ou componentes que as empresas fornecedoras lhes fornecem (Ishikawa, 1976; Juran, 1988). Geralmente, os fornecedores de componentes são pequenas e médias empresas. Por conseguinte, as MPME enfrentam uma pressão considerável para obterem a certificação de qualidade ISO 9000, uma norma de certificação de qualidade popular (Bayati e Taghavi, 2007; Lewis al., 2006[a] , 2006[b] ; Terziovski et al., 1999), especialmente se os seus clientes forem organismos governamentais.

De acordo com o Ministério das MPME da Índia, 95% das unidades industriais pertencem ao sector de pequena escala, com um valor acrescentado de 40% no sector transformador e uma contribuição de 8% para o produto interno bruto (PIB) indiano. Este sector é o segundo maior empregador, a seguir à agricultura, e emprega cerca de 59,7 milhões de pessoas distribuídas por 26,1 milhões de empresas, segundo dados da IIA (Indian Industries Association) e da MCCIA (Chamber of Commerce Industry and Agriculture). Estima-se que, em termos de valor, o sector das micro, pequenas e médias empresas (MPME) representa cerca de 45% da produção industrial e 40% do total das exportações (www.msme.gov.in). A Índia dispõe de todos os recursos e competências, mas ainda está muito aquém dos países desenvolvidos. O principal desafio para as MPME é fornecer produtos inovadores e personalizados utilizando as melhores tecnologias de processamento disponíveis. Para o sucesso empresarial, as MPME de todos os sectores precisam de desenvolver estratégias eficazes para fornecer valores acrescentados mais elevados aos clientes em termos de custos, qualidade e serviços no mais curto espaço de tempo possível (Porter, 1990). As PME contribuíram significativamente para o desenvolvimento tecnológico e para as exportações e estabeleceram-se em quase todos os principais sectores da indústria indiana, tais como a transformação de produtos alimentares, os factores de produção agrícolas, os produtos químicos e farmacêuticos, a engenharia, a eletricidade, a eletrónica, o equipamento electromédico, os têxteis e o vestuário, o couro e os artigos de couro, etc.

1.2 CLASSIFICAÇÃO DAS MPMEs

De acordo com o MSMEs Development Act 2006 (Ministério das Pequenas e Médias Empresas, Índia), as empresas são classificadas de acordo com os critérios apresentados no Quadro 1.1.

***Quadro 1.1 Classificação das MPMEs**

Classification	Investment Ceiling for Plant, Machinery or Equipments*@	
	Manufacturing Enterprises	Service Enterprises
Micro	Upto Rs.25 lakh ($50 thousand)	Upto Rs.10 lakh ($20 thousand)
Small	Above Rs.25 lakh ($50 thousand) & upto Rs.5 crore ($1 million)	Above Rs.10 lakh ($20 thousand) & upto Rs.2 crore ($0.40 million)
Medium	Above Rs.5 crore ($1 million) & upto Rs.10 crore ($2 million)	Above Rs.2 crore ($0.40 million) & upto Rs.5 crore ($1 million)

* Fixed costs are obviously higher.

*Source: http://www.msme.gov.in

De acordo com o relatório do recenseamento da Índia (2011), há 8,57 lakh (55 %) de empresas activas localizadas em zonas urbanas, enquanto 7,07 lakh (45 %) de empresas activas localizadas em zonas rurais (MPME; relatório anual, 2012-2013). As MPME são complementares às grandes indústrias como unidades auxiliares e este sector contribui enormemente para o desenvolvimento socioeconómico do país. Nas últimas décadas, com o aumento da concorrência económica a nível mundial, muitas MPME conseguiram estabelecer actividades para além dos seus mercados nacionais e estão a funcionar como um motor de crescimento económico com um aumento das oportunidades de emprego (Angela, 2005). Muitas nações, em particular os países em desenvolvimento, reconheceram o valor das pequenas e médias empresas, que são vistas como o motor do crescimento de grande parte da economia (Okpara, 2009), mas ainda assim enfrentam vários desafios, como a escassez de financiamento, a indisponibilidade de talentos profissionais, a falta de tecnologias modernas, etc. (Subrahmanya, 2005; Sharma e Kharub, 2014). No atual cenário de mercado, um mercado altamente expansivo e competitivo com uma procura crescente de clientes para obterem melhores produtos e serviços a baixo preço, a inovação, a cultura organizacional e a qualidade desempenham um papel vital para a sobrevivência das empresas (Kumar et al., 2009). As empresas com vantagem em tecnologia e capacidade de produção intensiva em mão de obra estão geralmente a assistir a um elevado desempenho global (Arostegui et al., 2015). De acordo com Khanna et al., (2011); Bhaumik et al., (2015), as organizações indianas de fabrico necessitam urgentemente de novas estratégias, abordagens e técnicas para melhorar a sua competitividade. As empresas enfrentam o duplo desafio de alcançar o desempenho (capitalização de mercado) e a globalização (intensidade internacional) para competir eficazmente contra os gigantes globais (Hautz et al., 2014). Muitas empresas estão a tentar arduamente não só satisfazer as necessidades dos seus clientes, mas também, sempre que possível, excedê-las. Isto só pode ser alcançado através da redução de custos, da melhoria do desempenho do produto, do aumento da satisfação do cliente e de um esforço constante no sentido de organizações de classe mundial. Para que as empresas possam sobreviver e crescer no futuro, é essencial que forneçam bens e serviços de alta qualidade. As empresas que conseguem fornecer qualidade são as que irão prosperar no próximo século.

1.3 IMPORTÂNCIA DA QUALIDADE

A importância da qualidade para o desempenho da empresa em vários termos e para o sucesso no mercado é amplamente aceite na literatura e nas práticas empresariais (Kumar et al. 2009). Numa tentativa de melhorar o desempenho e a competitividade através de uma melhor qualidade, foram adoptadas numerosas abordagens, sendo a mais notável e recomendada o conceito de gestão da qualidade (GQ) (Claver et al., 2003; Talib et al., 2012). A gestão da qualidade total (GQT) tem sido um tema muito discutido nas empresas (Sharma e Kodali, 2008). Trata-se de uma abordagem de gestão holística que visa gerir a qualidade; exige o desenvolvimento de uma estratégia de qualidade e um quadro para a sua aplicação. Melhora a forma tradicional de fazer negócios (Anupam et al., 2008). Define-se como uma filosofia e um conjunto de princípios orientadores que representam os alicerces de uma organização em constante melhoria. É a aplicação de princípios de gestão sólidos, métodos quantitativos e recursos humanos para melhorar todos os processos dentro de uma organização e exceder as necessidades dos clientes agora e no futuro. A gestão da qualidade tem sido aceite como uma prática de gestão importante que pode desempenhar um papel fundamental para ajudar as empresas a tornarem-se mais competitivas na atual economia global. A gestão da qualidade pode também ser uma fonte de grandes mudanças organizacionais que requerem uma transformação da cultura, dos processos e das prioridades estratégicas da organização. As práticas de gestão da qualidade têm sido amplamente utilizadas por grandes empresas como a Hero, a Tata Motors, a Maruti Suzuki, a Motorola, a Ford e a Honda, a IOCL, etc., para um posicionamento competitivo, mas a sua adoção e as suas práticas no sector das MPME não são adequadas, o que exige a atenção necessária dos investigadores neste domínio (Khanna *et al.*, 2010).

II. GESTÃO DA QUALIDADE

2.1 EVOLUÇÃO DA QUALIDADE

Os antigos egípcios demonstraram um compromisso com a qualidade na construção das suas pirâmides. Os gregos estabeleceram padrões elevados nas artes e ofícios. Os romanos construíram cidades, igrejas, pontes e estradas que ainda hoje nos inspiram. O período das revoluções pré-industriais, entre 1800 e 1900, foi designado por período de controlo da qualidade dos operadores. Durante este período, a produção de bens e serviços estava predominantemente confinada a um único indivíduo ou a um pequeno grupo de indivíduos. A responsabilidade pela qualidade cabia a esse indivíduo ou pequeno grupo em particular. Os artesãos/operadores qualificados controlavam a sua própria qualidade através do orgulho ou do trabalho efectuado. Os operadores sentiam uma sensação de realização, o que os motivava a atingir um novo patamar de excelência. Além disso, a evolução histórica das práticas de qualidade ocorreu em 4 fases, como mostra a figura 2.1

- *Inspeção da qualidade, ou seja, controlo da qualidade do capataz (1900-1920)*

- *Controlo da qualidade, ou seja, controlo da qualidade da inspeção (1920-1940)*

- *Garantia de qualidade, ou seja, período de controlo estatístico da qualidade (1940-1960)*

- *Gestão da qualidade total (anos 80 e seguintes)*

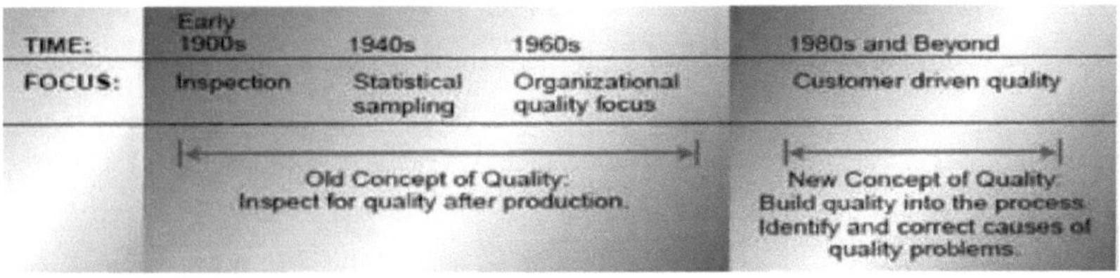

Fig 2.1 Evolução histórica da gestão da qualidade

A inspeção da qualidade teve o seu início no sistema fabril que se desenvolveu após as Revoluções Industriais (Crosby, 1979). Devido às revoluções industriais, surgiu o conceito de produção em massa, linhas de montagem e divisão do trabalho. Os produtos eram fabricados com materiais não padronizados e utilizando métodos não padronizados. Um indivíduo não era responsável pela produção de todo o produto, mas apenas por uma parte específica do mesmo. A inspeção era realizada principalmente para separar os produtos de má qualidade que eram enviados para serem refeitos ou vendidos com qualidade inferior. A inspeção era realizada principalmente para garantir a separação dos produtos conformes e não conformes, envolvendo sobretudo uma inspeção visual ou um ensaio do produto. Cada encarregado tinha vários operadores e trabalhadores sob a sua alçada e era responsável pela qualidade na sua área.

A segunda fase das práticas de qualidade começa em 1920, devido ao aumento do volume de produção, à complexidade da conceção dos produtos e ao facto de os processos se terem tornado mais complexos. O número de trabalhadores/operadores subordinados a um capataz aumentou e tornou-se impossível para o capataz vigiar de perto os operadores individuais. As especificações escritas, as medições e a normalização foram introduzidas durante este período. Os inspectores comparavam a qualidade dos produtos com as normas. Os conceitos de controlo estático da qualidade estavam a ser desenvolvidos, embora não tenham sido amplamente utilizados nas indústrias. O desenvolvimento dos métodos de controlo de Shewhart e de amostragem de aceitação por Dodge-Roming, durante este período de 1920-1940, para substituir o procedimento de inspeção a 100%, contribuiu para isso.

A terceira fase da evolução da qualidade é uma ênfase na mudança das actividades de deteção para a prevenção da má qualidade. O objetivo da função de garantia da qualidade é dispor de um sistema que examine continuamente a eficácia da filosofia de qualidade da empresa. Por outras palavras, podemos dizer que a sua função consiste em todas as acções planeadas ou sistemáticas necessárias para garantir que um produto satisfaz determinadas necessidades, através da realização de auditorias sistemáticas, da análise dos modos de falha e dos efeitos, da conceção de experiências e de iniciativas semelhantes. A maior parte destas ferramentas de qualidade foram concebidas para evitar falhas ou eliminar defeitos. Foram também desenvolvidas muitas outras práticas de qualidade, como a utilização de custos de qualidade, o desenvolvimento de processos e o sistema de auditoria da qualidade, que ajudam o controlo da qualidade a garantir a qualidade.

A última fase, práticas de qualidade total, ou seja, TQM, começa com a integração de todos os aspectos numa causa comum de itens de qualidade. A caraterística importante durante esta fase foi o envolvimento gradual de vários departamentos e pessoal de gestão no processo de controlo de qualidade. As pessoas começam a aperceber-se de que cada departamento tem um papel importante na produção de artigos de qualidade. Além disso, o conceito de zero defeitos, centrado na obtenção de produtividade através do envolvimento do trabalho, surgiu durante esta altura. Tornou-se uma distinção crítica nos negócios actuais, onde a estratégia vencedora é ganhar a lealdade do cliente.

Antes de iniciar o percurso para a adoção de práticas de gestão da qualidade, é necessário compreender claramente a filosofia básica subjacente às práticas de GQ. Este capítulo apresenta uma panorâmica dos vários aspectos das práticas de qualidade. Traça as origens de várias definições de qualidade utilizadas por consultores académicos, engenheiros e profissionais, seguidas de uma revisão de estudos bibliográficos a nível nacional e internacional.

2.2 DEFINIÇÕES DE QUALIDADE

De entre os muitos significados da palavra "qualidade", apresentam-se de seguida definições simples de qualidade:

i.   "Qualidade": as *características dos produtos* que satisfazem as necessidades dos clientes e que, por conseguinte, os satisfazem.

ii.   **"Qualidade"** significa *ausência de deficiências*: ausência de erros que exijam a repetição do trabalho (retrabalho) ou que resultem em falhas no terreno, insatisfação do cliente, reclamações do cliente, etc.

iii.   As empresas tentaram definir a qualidade num contexto produtor-consumidor, com as seguintes variações:

ISO 9000: "Grau em que um conjunto de características inerentes satisfaz os requisitos". A norma define *requisito* como necessidade ou expetativa.

Seis Sigma: "Número de defeitos por milhão de oportunidades"

A gestão da qualidade (GQ) nasceu há quase duas décadas com as ideias centrais de W. Edwards Deming, Joseph Juran, Philip Crosby e Kaoru Ishikawa. A sua importância tem vindo a aumentar consideravelmente nos últimos anos, tanto a nível prático como teórico. Esta secção apresenta várias definições dadas pelos gurus da qualidade:

* Philip B. Crosby: "Conformidade com os requisitos".

* Joseph M. Juran: "Adequação ao uso". A adequação é definida pelo cliente.

* Noriaki Kano: apresentou um modelo bidimensional de qualidade: "qualidade obrigatória" e "qualidade atractiva". A primeira está próxima da "adequação à utilização" e a segunda é o que o cliente gostaria de ter, mas ainda não pensou nisso. Os apoiantes caracterizam este modelo de forma mais sucinta como: "Produtos e serviços" que satisfazem ou excedem as expectativas dos clientes.

* Robert Pirsig: "O resultado do cuidado".

* Genichi Taguchi: apresentou duas definições

a)   "Uniformidade em torno de um valor-alvo". A ideia é reduzir o desvio-padrão dos resultados e manter a gama de resultados num determinado número de desvios-padrão, com raras excepções.

b)   A perda que um produto impõe à sociedade depois de ser expedido". Esta definição de qualidade baseia-se numa visão mais abrangente do sistema de produção.

* Sociedade Americana para a Qualidade: "um termo subjetivo para o qual cada pessoa tem a sua própria definição. No uso técnico, qualidade pode ter dois significados: As características de um produto ou serviço que influenciam a sua capacidade de satisfazer necessidades declaradas ou implícitas.

* Peter Drucker: "A qualidade de um produto ou serviço não é o que o fornecedor coloca. É o que o cliente recebe e está disposto a pagar."

O conceito de qualidade foi definido de forma diferente por vários autores. Por exemplo, Gravin (1983) dividiu a definição de qualidade em cinco categorias, a saber: i. Transcendente (excelente); ii. Baseada no produto (quantidade de atributos desejáveis); iii. Baseada no utilizador (adequação à utilização), iv. Baseada no fabrico (conformidade com as especificações) e a quinta categoria é a baseada no valor (satisfação em relação ao preço). Do mesmo modo, Dahlgaard et al. (1998) resumiram a definição de qualidade como "fazer as coisas corretamente" para aumentar a competitividade e a rentabilidade.

Apesar de existirem inúmeras formas de definir qualidade, de acordo com os pormenores apresentados anteriormente, existe uma definição aceitável a nível mundial, definida na norma ANSI / ASQ A - 3 (1987), em que

"A qualidade é a totalidade das características do produto ou serviço que influenciam a sua capacidade de satisfazer necessidades implícitas ou declaradas"

2.3 ESTUDOS NACIONAIS E INTERNACIONAIS

A Tabela 2 apresenta a revisão sistemática, organizada e estruturada da literatura detalhada no que respeita à investigação na área da gestão da qualidade, abrangendo o estatuto nacional e internacional.

Quadro 2 Estudos nacionais e internacionais

Ano	Detalhes do jornal	Detalhes do autor	Pormenores do trabalho efectuado
2010	Vol. 14 No. 2, pp. 54-65, Medir a excelência empresarial	Seema Sharma e Milind Sharma	Os autores apresentaram um estudo de clusters por estado para analisar as características técnicas e eficiência à escala das pequenas indústrias na Índia
2010	Revista Internacional de Artigos de Investigação Empresarial, Vol. 6. No 6. ,pp. 164 -173	S. Sahran M. Zeinalnezhad e M. Mukhtar	Realização de um estudo empírico com o objetivo de explorar a atual implementação de ferramentas de gestão e técnicas avançadas de melhoria em algumas PME da Malásia, a fim de aprofundar o conhecimento sobre a gestão e a inovação.
2010	Revista Internacional de Produtividade e qualidade Gestão - Vol. 5, No.2 pp. 200 - 212	S.V. Lakhe & Deshmukh	compreensão da gestão da qualidade. Os autores concluíram que a maioria das empresas da Malásia não prestou a devida atenção ao desenvolvimento dos seus aspectos de qualidade no passado. Os autores realizaram um estudo com o objetivo de identificar a sensibilização para o Seis Sigma entre as PME da Índia central e concluiu que o Seis Sigma ajudou muitos sectores, pequenos e grandes, para alcançar um sucesso fenomenal.
2010 2010	Revista Brasileira de Gestão da Produção e Operações Volume 7, Número 1, pp. 141162 Revista de Gestão de	Harjeev Kumar Khanna, S. C. Laroiya, D. D. Sharma, Pandey VC, Garg	O trabalho apresentou conclusões relacionadas com a gestão da qualidade em organizações industriais indianas. Observa-se que a partilha de informações tem um impacto significativo nos pontos fortes competitivos do fabricante em termos de parâmetros de sucesso como a eficácia dos custos e o nível de serviço.

Processos Empresariais   S.K,

Vol. 16 N.º 2, pp. 226-243 Shankar R,

2011   Harjeev K. Khanna Os autores identificaram e classificaram os factores
Asian Journal on Quality e D.D. Sharma   críticos de sucesso para a implementação da gestão da
Vol. 12 No. 1, pp. 124-138   qualidade total na indústria transformadora indiana.

2012   Jornal Internacional dos Corinna Dogl, Dirk Neste estudo, os autores analisaram a vantagem
       Mercados   Emergentes, Holtbrügge, Tassilo competitiva das empresas alemãs de energias renováveis
       Vol. 7 Iss: 2, pp.191 - 214 Schuster,   na Índia e na China com base no modelo de diamante de
                                               Porter.

2012   O autor examinou as associações entre diferentes
                                        práticas de GQ e investigou quais as práticas de GQ que
2012
                                        se relacionam direta ou indiretamente com cinco tipos de
       Journal   of   Operations Dong-Young Kim, V inovação: produto radical, processo radical, produto
       Management, Vol 3 (4) Kumar & U Kumar   incremental,   processo   incremental   e   inovação
       Páginas 295-315   Kaushik,   P., administrativa

       The TQM Journal Vol. 24, Khanduja, D., Mittal, O objetivo deste estudo era implementar a metodologia
       No. 1, pp. 4-16   K., e jaglan, P.   Six-Sigma nas PME. Os autores consideram uma unidade
                                               de fabrico de bicicletas de um país em desenvolvimento.
                                               Verificou-se que a empresa pode aumentar os seus lucros
                                               através do controlo da elevada taxa de rejeição.

2013   Gestão   da   Qualidade S. Milunovic & J. O autor demonstrou uma metodologia de modelização
       Total, Vol. 24, No. 1, 91- Filipovicb   para os projectos de gestão da qualidade nas indústrias
       107   transformadoras da República da Sérvia e realizou um
                                                inquérito às PME através de um questionário.

2013   Gestão   Industrial   e Doherty Neil F. e Os autores derivaram um modelo de investigação da
       Sistemas de Dados   Mark T.   literatura, que foi utilizado para orientar a realização de
                                                 um grande inquérito quantitativo e qualitativo integrado
       Vol. 113 N.º 5, 2013   aos gestores para melhorar o posicionamento competitivo
       pp. 697-71   através de recursos organizacionais complementares.

2013   Industrial Mgmt & Data Matthias T., Moacir Os autores analisaram as prioridades competitivas dos
       Systems, Vol. 113 Iss: 6, G.   Filho,   Mark pequenos fabricantes no Brasil.
       pp.856 - 874   Stevenson,
                                  Lawrence D. F.

2013   Gestão   da   Qualidade Brkic,   V.   K., Este estudo examinou empiricamente o impacto das
       Total, Vol. 24, N.º 5, pp. Djurdjevic,   T., ferramentas da qualidade no desempenho empresarial de
       607-618   Dondur, N., Klarin, 119 empresas industriais. A relação entre o grupo
                                 M. M. e Tomic, B.   principal de ferramentas da qualidade, ou seja, as
                                                     ferramentas para a recuperação das condições actuais,
                                                     para a análise das condições actuais e para o
                                                     planeamento e controlo da produção, foi testada através

de uma análise de regressão.

Ano	Referência	Autores	Descrição
2014	Qualidade, Fiabilidade e Engenharia Internacional, Vol 30, pp.745-765	Sharma R K e Sharma R G	Para investigar a melhoria do desempenho de fabrico das PME, os autores desenvolveram um modelo integrado baseado na estrutura Six Sigma e TPM. Para a análise, foram utilizadas várias ferramentas, tais como a análise de Pareto, diagramas de espinha de peixe, histogramas, FMEA, cartas de controlo e gráficos de capacidade do processo.
2014	Measuring Business Excellence, Vol. 18, No. 4, pp. 86-103.	Sharma, R., e Kharub, M.	É apresentado um quadro concetual com uma aplicação direta do CEP para alcançar um posicionamento competitivo nas PME, concluindo-se que se as ferramentas de qualidade . Conclui-se que, com o apoio da gestão e os conhecimentos adquiridos através de uma formação adequada, as PME podem estabelecer a sua posição no mercado, melhorando a qualidade e a produtividade do seu produto/processo.
2015	International Journal of Production Economics, Vol. 160, pp. 120-132.	Dubey, R., Gunasekara, A. e Ali, S.S.	O objetivo deste estudo foi testar o impacto da gestão das relações com os fornecedores (SRM) e da gestão da qualidade total no desempenho ambiental sob a influência da liderança e o efeito moderador das pressões industriais. Os autores investigaram empiricamente as ligações entre liderança, SRM, TQM e desempenho ambiental na conceção de uma rede de cadeia de abastecimento verde. Os resultados do estudo foram altamente significativos.
2015	Business Research Quarterly, Vol. 18, No. 1. pp. 4-7.	Pérez-Aróstegui, M.N., Bustinza-Sànchez, F. Barrales-Molina, V., e	A introdução das tecnologias da informação tornou-se necessária para competir na maior parte dos sectores, mas a simples aplicação de uma estratégia de TI não é suficiente para obter um melhor desempenho da empresa. As conclusões deste estudo sugerem que o impacto das TI no desempenho competitivo não tem de ser direto, podendo exercer a sua influência através de outras actividades, como as práticas de gestão da qualidade.

III. POSICIONAMENTO COMPETITIVO

A globalização alterou drasticamente o ambiente competitivo para o sector das MPME. Para se manterem no mercado dinâmico atual, as empresas têm de atuar não só contra a rivalidade nacional, mas também contra as melhores empresas do mundo (Bhaumiket *al.*, 2016). As empresas têm de criar e melhorar a sua vantagem competitiva com base numa combinação de recursos e capacidades tangíveis e intangíveis. Para competir eficazmente, as empresas devem fornecer produtos e serviços com qualidade de classe mundial. Atualmente, as indústrias transformadoras indianas são subtis em relação às normas mundiais e a sua qualidade depende fortemente do desempenho das indústrias conexas e apoiadas, em especial as MPME (Rajesh *et al.*, 2008).

A dependência excessiva do sector da indústria transformadora na procura de um posicionamento competitivo tornou a importância da GQ nas MPME. As MPMEs precisam começar a implementar práticas reais de GQ, pois isso lhes proporcionará sustentabilidade no atual ambiente altamente competitivo (Su *et al.*, 2015). Porter (1998) forneceu um modelo de diamante de "cinco forças" que tem sido considerado como um quadro analítico primário para medir o posicionamento competitivo. Este quadro permite que uma empresa avalie o seu posicionamento competitivo através de uma avaliação de (i) condições dos factores (ii) condições da procura (iii) indústrias relacionadas e apoiadas (iv) estratégia, estrutura e rivalidade da empresa e (v) indústrias relacionadas e apoiadas. Investigadores de todo o mundo adoptaram com sucesso este modelo para avaliar o posicionamento competitivo de diferentes sectores industriais, operando em diferentes países (Clancy *et al.*, 2001; Oz, 2002; Snowdon & Stonehouse, 2006; Smit, 2010; Dobbs, 2014).

3.2 DEFINIÇÃO DE COMPETITIVIDADE

Porter define a competitividade de uma região como a produtividade que as empresas aí localizadas podem alcançar (Dobbs, 2014). Porter acreditava que medir a competitividade é um mapeamento do ambiente competitivo de uma organização que ajuda a nação a formar uma base sólida para estratégias e desenvolvimentos empresariais. A sua abordagem tornou-se a peça central do debate sobre a vantagem competitiva e foi bem elaborada como modelo de estratégia dominante em 1980, tendo-se tornado extremamente popular entre os gestores, as teorias e os profissionais nos últimos anos (Smit, 2010). O seu livro Competitive Strategy (1980) transferiu a gestão estratégica de seis formas: em primeiro lugar, aplicou o conceito microeconómico e de organização moderna à estratégia a nível empresarial, incluindo as barreiras existentes, as barreiras à mobilidade, a marca e a estrutura do mercado. Em segundo lugar, identificou obstáculos para reduzir a conclusão a nível da indústria, incluindo a abordagem da estrutura, da conduta e do desempenho. Em terceiro lugar, alargou a análise da força competitiva para além dos rivais directos, incluindo o poder dos fornecedores e dos compradores, a ameaça de novas entradas e a atração de substitutos. Em quarto lugar, delineia um conjunto de estratégias genéticas gerais para criar uma posição defensável ao longo da cadeia com um retorno superior numa determinada indústria, incluindo a liderança global em termos de custos, a diferenciação e a focalização. Em quinto lugar, propõe cinco ambientes genéticos - fragmentação, maturidade emergente, declínio e nível global de concentração industrial, fase do ciclo de vida da indústria e extensão da concorrência internacional - que moldam a estratégia da força competitiva e, em sexto lugar, explora a existência de grupos estratégicos numa indústria. Competitive Advantage (1985) marcou uma revolução no pensamento e aumentou a consciencialização sobre o tema da estratégia competitiva. Porter desenvolveu três conceitos interligados, nomeadamente: (i) cinco forças;

(ii) estratégia genética; e (iii) quadros da cadeia de valor.

Na sua terceira obra de referência, Competitive Advantage of Nation (1990), Porter voltou a centrar-se no ambiente externo e sublinhou que a concorrência interna vigorosa é vital para alcançar a qualidade e a inovação e contribui para a internacionalização. O seu modelo de diamante das "cinco forças" de Porter tem sido considerado como a principal estrutura sistemática para medir as vantagens competitivas. Este modelo de cinco forças permite que uma empresa quantifique a sua vantagem competitiva através de uma avaliação da força da ameaça de novos operadores, do poder dos compradores e fornecedores e do grau e natureza da rivalidade entre empresas. Além disso, o modelo das cinco forças também mostra o papel do governo e dos acontecimentos fortuitos como fator externo. Os acontecimentos fortuitos são descritos como acontecimentos aleatórios imprevisíveis e inesperados que uma empresa não pode controlar. A figura 3.1 apresenta a famosa estrutura do diamante de Porter. Na literatura, vários autores adoptaram o modelo do diamante de Porter com a intenção clara de avaliar o ambiente competitivo em diferentes sectores industriais que operam em vários países. Os resultados da maioria dos estudos apoiam a ideia de vantagem competitiva de Porter (Porter, 2003; 2004; 2005).

3.3 A ABORDAGEM DE MICHAEL PORTER

Michael E. Porter, um reconhecido professor, autor, consultor e investigador, é conhecido pelos pais fundadores da gestão estratégica (Herciu, 2013; Delgado *et al.,* 2014). Ele foi aprovado como um dos principais especialistas em estratégia competitiva e seus determinantes nas organizações.

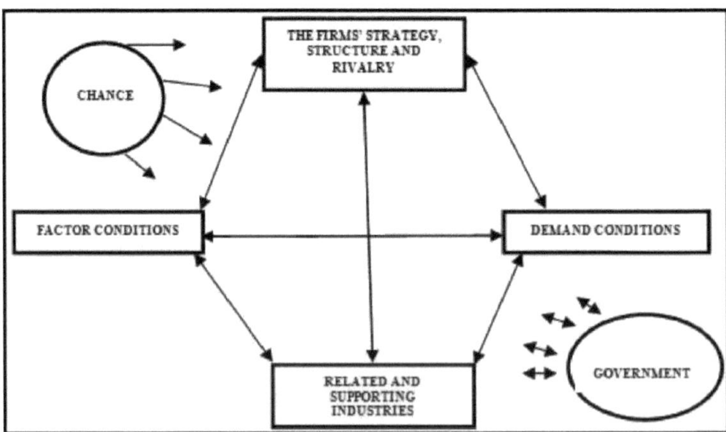

Figura 3.1 Modelo do diamante de Porter das "cinco forças

Antes de Porter, a gestão estratégica assentava no quadro SWOT - forças, fraquezas, oportunidades e ameaças. Esta abordagem envolvia uma lista de verificação de factores para avaliar as oportunidades e os riscos no ambiente interno e externo da organização. Outras abordagens, como o quadro estratégico e estrutural de Chandler (1962), complementaram o quadro SWOT, baseando-se na história empresarial para mostrar como a estratégia e a estrutura de uma empresa respondiam às mudanças no ambiente externo.

O quadro de Porter para a gestão estratégica não só é aplicável para avaliar a vantagem ou desvantagem competitiva, como o seu papel tem sido bem difundido noutras áreas. O quadro de Porter tem-se revelado igualmente importante tanto para os académicos como para os profissionais das indústrias. A abordagem contribui para o nível da empresa, da indústria e do país e tem sido utilizada para desenvolver teorias e estratégias práticas. A investigação mais aprofundada sobre o modelo básico de Porter tem sido amplamente utilizada pelos governos para elaborar políticas, procedimentos, empresas e ONG (organizações não governamentais) (Oz, 2002; Mehrizi&Pakneiat, 2008; Doglet *al.*, 2012).

3.4 CRÍTICAS E EXTENSÕES À ESTRUTURA DIAMANTINA DE PORTER

A estrutura do diamante de Porter enfrenta uma onda de críticas por parte de investigadores de negócios internacionais, teóricos da gestão que argumentam que Porter não articula uma teoria da vantagem competitiva nacional, mas sim um argumento sobre a vantagem competitiva de empresas e indústrias dentro das nações (Yettonet *al.*, 1992). Rugman &D'cruz (1993) apoiaram este argumento, onde os autores sublinharam que Porter subestima o papel das empresas multinacionais na economia global, particularmente para as MNCs que fazem a maioria das suas receitas fora do seu mercado doméstico. Moon *et al.* (1998) salientaram que o modelo diamante não reconheceu o impacto do IDE. Através do IDE, as empresas multinacionais podem obter vantagens competitivas através da utilização excessiva das vantagens específicas do país, tais como mão de obra barata e disponível, trabalhadores qualificados e com formação académica, recursos naturais e físicos, etc. Porter não reconhece o impacto da cultura nacional como uma fonte de vantagem competitiva e o papel da tecnologia no processo de desenvolvimento (Jin & Moon, 2006).

Além disso, o modelo do diamante de Porter tem sido criticado com base na área de análise, na sua aplicação às indústrias ou à empresa individual, nas possibilidades de aplicabilidade em micro, pequenas e médias empresas, no papel da rivalidade nacional na pequena economia (Clancy *et al.*, 2001). Mesmo depois de ter enfrentado grandes ondas de críticas, o quadro é visto como o modelo analítico central para avaliar o posicionamento das formas. O modelo tem sido amplamente utilizado por profissionais e altamente citado por investigadores durante a década de 1980 e permanece no centro da maioria das escolas de gestão e cursos de estratégia até aos dias de hoje (Esen&Uyar, 2012).

Para melhor refletir as vantagens competitivas, vários estudiosos forneceram extensões, modificações e correcções da estrutura do diamante único de Porter e partilharam a ideia de diamantes duplos e múltiplos (Liu & Hsu, 2009). Por exemplo, Moon *et al.* (1998); Jin & Moon (2006) incorporam o efeito da atividade internacional. O académico de negócios internacionais Rugman & Verbeke (1993); Asmussenet *al.* (2009)

forneceram a base para o desenvolvimento de um novo quadro para analisar as diferentes formas em que os subsídios estrangeiros e a gestão estratégica multinacional. Como quadro aplicado, o conceito de competitividade de Porter tem sido bem experimentado em muitos estudos de caso individuais e utilizado para testar sistematicamente várias hipóteses de investigação.

3.5 MODELOS TEÓRICOS

Alguns dos modelos teóricos importantes no contexto das práticas de gestão da qualidade e do posicionamento competitivo são apresentados de seguida:

Kaynak (2003), Neste estudo, o modelo de investigação proposto e as hipóteses foram testados utilizando dados de inquéritos transversais (isto é, borracha, metal fabricado, maquinaria, produtos eléctricos e electrónicos). O estudo por correio eletrónico foi realizado para investigar o efeito da TQM, das compras just in time (JITP) e dos indicadores de desempenho de empresas que operam em 48 estados contíguos dos EUA que implementaram técnicas de TQM e JITP. Foi utilizada uma escala discreta-contínua de 100 mm de comprimento, representada por 0 = nenhum e 100 = muito elevado. A análise estatística, como a verificação da fiabilidade e da validade do alfa de Cronbach, foi efectuada com base nos dados obtidos a partir de 382 respostas utilizáveis ao inquérito, o que resultou numa taxa de resposta de 20,3%.

As conclusões sugerem que existe uma relação positiva entre a implementação de práticas de gestão da qualidade e o desempenho da empresa. A liderança da gestão está diretamente relacionada com as relações com os trabalhadores, a sua formação, a qualidade dos fornecedores e a conceção dos produtos, ao passo que está indiretamente relacionada com a comunicação de dados sobre a qualidade e a gestão dos processos. A formação e as relações com os trabalhadores estão diretamente relacionadas com os dados e relatórios de qualidade e indiretamente com a qualidade dos fornecedores. A formação e as relações com os trabalhadores estão diretamente relacionadas com os dados e relatórios de qualidade e indiretamente com a qualidade dos fornecedores. A gestão da qualidade dos fornecedores está diretamente relacionada com o desempenho da conceção dos produtos e dos processos, com o desempenho financeiro e de marketing e tem um efeito direto na rotação global das existências. Este conceito geral sublinhava que a melhoria do desempenho operacional resultava num aumento da satisfação do cliente, do volume de vendas e da quota de mercado, proporcionando assim uma vantagem competitiva à empresa.

Lai & Cheng (2003), Este estudo examina a relação entre a implementação da gestão da qualidade e os seus resultados nas indústrias de Hong Kong. Foi selecionada para o estudo empírico uma amostra de 1092 empresas que implementaram a gestão da qualidade. Os dados foram recolhidos através de um questionário enviado por correio, com 342 respostas (69 empresas industriais, 107 empresas de serviços, 114 empresas de construção e 14 empresas de serviços públicos), 304 das quais foram consideradas válidas para análise posterior, o que representa uma taxa de resposta de 28,6%. Inicialmente, foram utilizadas estatísticas descritivas, o alfa de Cronbach e o coeficiente de correlação item-total para analisar os dados. Além disso, utilizando o LISREL 8, foi realizada uma análise fatorial confirmatória (AFC) para avaliar a estrutura e a prosperidade de medição dos construtos. Os resultados do estudo revelaram que as empresas dos sectores da utilidade pública e dos serviços tiveram um melhor desempenho em comparação com as empresas do sector da indústria transformadora e da construção.

Os resultados do estudo indicam que as diferenças existentes entre as empresas no que respeita ao início e à implementação de práticas de gestão da qualidade têm um efeito significativo nos seus resultados em termos de qualidade. Por último, os autores orientaram o trabalho futuro, acrescentando que o estudo longitudinal pode ser efectuado em diferentes contextos industriais. No futuro, para avaliar o nível de implementação da gestão da qualidade, os autores sublinharam a necessidade de obter informações de vários departamentos de uma organização.

Tari (2005), O estudo teve como objetivo melhorar a consciencialização dos gestores relativamente aos componentes da GQ, para que possam implementar com êxito as práticas de GQ nas suas empresas. Para atingir este objetivo, foi elaborado um estudo bibliográfico e uma recolha de dados primários em 106 empresas certificadas pela ISO 9000 em Espanha. Após uma análise exaustiva da investigação, o autor concluiu que não existe um modelo único para um verdadeiro programa de GQ, mas que se trata de um sistema de elementos independentes, nomeadamente factores críticos, práticas, técnicas e ferramentas.

Os resultados do estudo mostram que as empresas com certificação ISO9000 se concentraram mais nos aspectos humanos do que nos aspectos técnicos. Os autores sugeriram que, se o objetivo final de uma empresa for apenas obter o certificado ISO9000, não poderá usufruir dos verdadeiros benefícios das práticas de GQ. No entanto, se a empresa planeia ir além da certificação ISO 9000, deve melhorar outros aspectos (CSFs) para melhorar a sua competitividade.

Prajogo&Sohal (2006), O estudo procura fazer avançar a compreensão das práticas de qualidade e examinar os seus efeitos mediadores criados entre a estratégia organizacional e os resultados de desempenho. O estudo utilizou dados empíricos recolhidos em empresas australianas e visou atingir dois objectivos principais: (i) identificar a relação entre a estratégia organizacional, a gestão da qualidade e o desempenho da empresa; (ii) realçar o efeito mediador da gestão da qualidade num contexto de estratégia e desempenho da empresa. Os dados empíricos foram obtidos através de um inquérito aleatório a 1000 gestores, dos quais apenas 150 respostas foram consideradas adequadas para análise posterior. A SEM foi utilizada para testar as hipóteses formuladas.

Os resultados globais mostram que a GQ tem uma relação significativa e positiva com a estratégia de diferenciação, a qualidade do produto, a inovação do produto e a inovação do processo. Por outro lado, os resultados não indicam qualquer relação entre a GQ e a estratégia de liderança de custos. As conclusões do modelo de mediação mostram que a definição de políticas é mais direta para a GQ do que para o desempenho da inovação.

Garrido et al. (2007), O estudo centrou-se nos elementos fundamentais microeconómicos da competitividade relacionados com a gestão operacional, ou seja, produtos, processos, tecnologia, estratégias operacionais e tipos de equipamento. Estes factores influenciam as decisões estratégicas e a capacidade da empresa para atingir algumas prioridades concorrentes, como a eficácia dos custos, a qualidade dos produtos, a entrega, a flexibilidade e o desempenho esperado. Como fonte primária de informação, os autores utilizaram um questionário que foi enviado por correio para o diretor de operações de cada empresa ou para o diretor executivo das empresas transformadoras espanholas. O número total de questionários válidos recebidos durante o período de recolha de dados foi de 353, o que corresponde a uma taxa de resposta de 19,53%. A validade convergente, a fiabilidade (coeficiente alfa de Cronbach) e a correlação entre itens foram realizadas antes da medição de cada decisão estrutural e de infraestrutura.

Do ponto de vista da estrutura, a dimensão da empresa e a capacidade da fábrica foram as variáveis mais relevantes para as empresas estudadas, para além das decisões de produção mais importantes, relacionadas com as práticas de gestão da qualidade, a mão de obra e os sistemas de planeamento e controlo da produção. Do ponto de vista da gestão, os resultados do estudo demonstram que, para criar riqueza a partir da área operacional, é necessário definir corretamente as operações mais relevantes que concorrem para as prioridades e implementar algumas estratégias, práticas ou decisões operacionais criadoras de valor.

Das et al. (2008), O objetivo deste estudo foi fornecer constructos fiáveis e válidos e um instrumento de medição para avaliar as práticas de implementação da gestão da qualidade, particularmente no contexto das indústrias transformadoras nos países em desenvolvimento. É composto por nove constructos, ou seja, (i) compromisso da gestão de topo (ii) gestão da qualidade dos fornecedores (iii) melhoria contínua da qualidade (iv) inovação de produtos (v) avaliação comparativa (vi) envolvimento dos trabalhadores (vii) recompensa e reorganização (viii) educação e formação (ix) orientação para o cliente e um resultado, ou seja, qualidade do produto (caraterística, conformidade, fiabilidade, durabilidade, facilidade de manutenção, estética e qualidade percebida), com um total de 110 itens.

Foi devolvido um total de 275 respostas utilizáveis, o que representa uma taxa de retorno de 27,5%. O nível de consistência interna do instrumento de medição foi considerado mais elevado em comparação com alguns estudos anteriores bem conhecidos, o coeficiente de fiabilidade (alfa de Cronbach) para dez construtos variou entre 0,84 e 0,95, o que também é mais elevado em comparação com outros estudos. Por último, o instrumento empiricamente fiável e válido para avaliar a perspetiva de implementação da GQ é constituído por dez constructos (52 itens).

Zu et al. (2008), O objetivo deste documento era investigar o papel do Seis-Sigma. Foi selecionada para investigação uma amostra de 878 unidades fabris dos Estados Unidos que implementaram a gestão da qualidade. Os inquiridos incluíam gestores da qualidade, gestores de fábrica, gestores de operações, mestres Six-Sigma, cintos negros e cintos verdes. Foi recebido um total de 226 respostas utilizáveis, o que corresponde a uma taxa de resposta de 26%. Os três factores do Six-Sigma, os sete factores tradicionais da gestão da qualidade e os factores que representam o desempenho da empresa foram testados utilizando a modelação de equações estruturais (SEM) com todos os índices de adequação, ou seja, grau de liberdade, RMSEA, CAIC, PGFI, PNFI e CFI.

Os resultados do estudo sugerem uma sinergia entre as práticas Seis-Sigma. As práticas tradicionais de gestão da qualidade e o desempenho das empresas, bem como a criação de uma vantagem competitiva sustentável. O estudo confirma que o apoio da gestão de topo é fundamental para a implementação da GQ e do Seis-Sigma. O papel da estrutura de apoio do Seis-Sigma está positivamente relacionado com a gestão da força de trabalho. Melhora as práticas de gestão dos recursos humanos, nomeadamente em matéria de planeamento, gestão, formação, reconhecimento dos trabalhadores e seleção. O sistema de cintos negros e cintos verdes tem sido utilizado como veículo para desenvolver o futuro líder em algumas empresas. Estes profissionais têm uma visão organizacional da melhoria contínua e um conhecimento profundo do processo empresarial e das ferramentas e técnicas de gestão da qualidade. Estes recursos humanos são raros e difíceis de imitar, pelo que constituem um recurso crítico para a empresa alcançar uma vantagem competitiva.

Krell&Matook (2009), Os custos decorrentes da obrigatoriedade dos sistemas de informação (SI) tornaram-se uma preocupação significativa, sobretudo nas empresas de baixo custo. Muitas empresas necessitaram de aumentar a segurança dos SI para cumprirem a lei SOX e o investimento necessário para o efeito tornou-se obrigatório. Com base nas 1050 respostas ao questionário do inquérito (taxa de resposta de 31%) das empresas australianas, os resultados revelaram que os gestores estão preocupados com os custos associados e têm curiosidade em reduzir as despesas. Neste contexto, a maioria das empresas abstém-se de utilizar métodos de planeamento formais quando lhes são impostos investimentos necessários. Esperam que estes investimentos não sejam rentáveis porque não fazem parte da estratégia da empresa. As empresas não são capazes de decidir livremente em que tecnologia investir.

Calcula-se que uma boa empresa gaste, pelo menos, até 15% do seu orçamento com a conformidade regulamentar. As empresas de baixo custo não se podem dar ao luxo de desperdiçar dinheiro em SI que não parecem contribuir para a sua estratégia. Assim, estabelece desalinhamentos entre o investimento e a estratégia, particularmente para as empresas que seguem uma estratégia de baixo custo de criação de produtos ou serviços a um preço inferior ao dos concorrentes. Os resultados do estudo concluíram que as empresas poderiam obter vantagens competitivas se combinassem investimentos obrigatórios e não obrigatórios e utilizassem o planeamento estratégico de sistemas de informação (SISP).

Kumar&Sosnoski (2009), o estudo examina os problemas crónicos de qualidade do chão de fábrica utilizando a técnica DMAIC seis sigma numa indústria líder de fabrico de ferramentas. O estudo de caso implica a análise detalhada e intensiva de um único caso - uma única organização, um único local e um único evento - e investiga um fenómeno contemporâneo no seu contexto real. A equipa decidiu centrar-se na variação de uma causa especial num dispositivo de tratamento térmico. O método atual de fixação da peça apresentava um defeito comum de 0,007 unidades, com um desvio padrão de 0,0017 unidades. Após os ajustes, as peças apresentaram ótimos resultados; o erro médio foi reduzido para 0,002 unidade, com um desvio padrão de 0,0007 unidade. O índice de capacidade do processo (Cp) melhorou de 1 para 1,842. A análise resultou em algumas conclusões e recomendações.

A principal recomendação foi a de que a nova conceção de instalações de tratamento térmico deve ser implementada o mais rapidamente possível. Do ponto de vista financeiro, o valor da nova conceção de dispositivos de fixação de notícias equivale a uma poupança de cerca de $10.000 por ano. Os resultados encorajam as pessoas a participarem nos projectos Six-Sigma e a gestão declarou incentivos para esquemas de equipas bem sucedidas. Por último, os resultados significativos deste projeto criaram muitos seguidores do Six-Sigma na organização.

Sadikoglu&Zehir (2010), O objetivo do estudo foi investigar a relação entre as práticas de gestão da qualidade e vários indicadores de desempenho. Além disso, o estudo também examina os efeitos mediadores do desempenho dos trabalhadores e da inovação na sua relação. Os dados foram recolhidos através de correio, entrevista presencial e fax, a partir de empresas transversais, seleccionadas aleatoriamente, que possuem certificações do sistema de garantia da qualidade ISO9001:2000 em diferentes indústrias na região de Marmara, na Turquia. Foram enviados 500 questionários, dos quais foram devolvidos 373 questionários utilizáveis, o que corresponde a uma taxa de resposta de 74,6%. Por fim, as hipóteses foram testadas utilizando a modelação de equações estruturais (SEM) com todos os índices de adequação, ou seja, grau de liberdade, RMSEA, CAIC, PGFI, PNFI e CFI. Os resultados do estudo revelaram que as práticas de gestão da qualidade estão significativa e positivamente correlacionadas com (i) o desempenho dos trabalhadores (ii) o desempenho da inovação e o desempenho global da empresa. As correlações positivas e relativamente fortes indicam que as empresas que se destacam numa área são susceptíveis de se destacarem também noutras áreas.

A implementação bem sucedida da gestão da qualidade cria um ambiente propício à motivação, satisfação e orgulho no trabalho dos trabalhadores, o que conduz a um aumento da sua eficácia e eficiência, bem como da sua rotatividade. Os resultados do estudo revelaram uma relação positiva e estatisticamente significativa entre o desempenho dos trabalhadores e a inovação. Por outras palavras, os esforços envidados por trabalhadores satisfeitos podem gerar ideias inovadoras, o que pode contribuir para reduzir a qualidade e os custos de funcionamento e encantar os clientes em termos de exceder os seus requisitos e expectativas actuais e latentes.

Gijo et al. (2011), O artigo trata da aplicação da metodologia Six-Sigma na redução de defeitos no processo de fabrico numa empresa automóvel na Índia. O DMAIC (Definir-Medir-Analisar-Melhorar-Controlar) foi aplicado para resolver o problema da redução da variação do processo e melhorar o rendimento do processo. Os autores trabalharam com a empresa para dar apoio à técnica do projeto Six-Sigma, registando dados sobre o exercício a partir dos quais foi desenvolvido um estudo de caso. A metodologia foi dividida em quatro secções principais: definição do problema, revisão da literatura, conceção do estudo de caso e análise dos dados. Uma empresa com cerca de 2550 trabalhadores fabricava bombas de sistema de injeção direta common rail (CRDI) para veículos seleccionados como estudo de caso. O projeto foi realizado no processo de retificação fina de peças à distância, que foi efectuado por uma máquina de retificação fina.

Como resultado deste projeto, a percentagem de rejeição dos componentes no processo de moagem reduziu-se de 16,6 para 1,19%. O nível sigma semelhante foi melhorado de 2,47 para 3,76. O resultado revelou uma melhoria significativa em termos de classificação sigma, bem como da percentagem de defeitos. Uma vez obtidos estes resultados, com a ajuda do departamento financeiro, a equipa efectuou uma análise custo-benefício do projeto. Verificou-se que os custos associados à rejeição, à reparação, à sucata, à reinspecção e à ferramenta diminuíram drasticamente. A poupança anual resultante deste projeto foi estimada em cerca de 2,4 milhões de dólares. Esta melhoria incentivou a direção a implementar a metodologia Six-Sigma para possíveis iniciativas de desenvolvimento na organização.

Gunasekaran et al. (2011), como 80% das organizações aceitaram uma concorrência moderada a forte devido à globalização, este estudo centra-se em algumas das características das pequenas indústrias, novas estratégias e técnicas capazes de criar uma vantagem competitiva e sustentabilidade no mercado e operações globais. Foi desenvolvido e testado empiricamente um quadro que determina a resiliência e a competitividade das PME. O estudo envolve uma amostra de 40 pequenas indústrias na costa sul de Massachusetts que operam no estado ou nos EUA.

Verificou-se que 65% das organizações são familiares, 28% são propriedade de empresários e 7% são propriedade de outros. Os resultados do inquérito indicaram que a maioria (57%) das empresas tem uma estrutura de decisão política de tipo monocrático, em que o proprietário e o acionista são os principais responsáveis pela tomada de decisões. Uma vez que as empresas familiares desempenham um papel significativo na economia nacional, o proprietário deve ser envolvido pela câmara de comércio local, universidades e instituições governamentais para aumentar a sua consciencialização do ambiente e estratégias empresariais emergentes. Numa outra dimensão, a maioria das empresas inquiridas (93%) indicou a meta, a missão e o objetivo como sendo o fator crítico para alcançar a satisfação do cliente. As tendências do mercado, as expectativas e as exigências dos clientes foram consideradas como alvos móveis. Por conseguinte, uma aliança estratégica adequada, competências essenciais, trabalho em rede e uma cadeia de abastecimento eficiente são essenciais para a resiliência das MPME.

Dogl et al. (2012), O estudo teve como objetivo comparar a procura de energias renováveis na Índia e na China e examinar a capacidade das empresas alemãs para satisfazer esta exigência, utilizando o modelo de diamante de Porter modificado. As cinco dimensões do modelo de diamante de Porter foram definidas para as indústrias de energias renováveis e medidas com a ajuda de uma escala de intervalos interpretada. Após a análise empírica dos dados estatísticos, os resultados mostram três áreas, ou seja, a biomassa, a energia solar e a energia eólica, em que as empresas alemãs têm uma vantagem competitiva em comparação com as empresas indianas e chinesas nos seus países de origem. As empresas alemãs enfrentaram uma rivalidade difícil e lidam com grandes fornecedores e com indústrias relacionadas e de apoio neste sector. A desvantagem ocorre apenas nas condições dos factores naturais e, neste caso, principalmente no pequeno número de horas de sol. A Índia e a China têm condições favoráveis de factores básicos para as três tecnologias de energias renováveis. Na China, as condições avançadas dos factores, a cultura positiva, o apoio significativo do governo e as condições de elevada procura mostram o potencial futuro desta indústria. Na Índia, porém, o sector ainda tem de recuperar o atraso no desenvolvimento de indústrias conexas e de apoio e na estrutura estratégica e rivalidade das empresas existentes.

Assim, as empresas alemãs podem beneficiar devido à elevada vantagem competitiva de uma procura acentuada em ambos os países. Uma implicação política importante para o governo indiano é concentrar-se na procura atrasada nesta área e criar melhores condições para o crescimento das empresas e fornecedores de energias renováveis.

Brkic et al. (2013), O estudo teve como objetivo fornecer apoio empírico ao impacto das ferramentas da qualidade no desempenho das empresas. Para cumprir o objetivo desta investigação, os dados foram obtidos através de um inquérito por questionário, parte do qual foi publicado em estudos anteriores. Foi pedido aos inquiridos que avaliassem a utilidade de 22 ferramentas da qualidade numa escala de 1 a 5, enquanto outros desempenhos empresariais foram avaliados através de quatro conceitos: (i) financeiro (ii) operacional (iii) desenvolvimento e (vi) desempenho dos trabalhadores, com 17 itens no total. A população do inquérito é constituída por 969 empresas sérvias com certificação ISO9000, das quais 250 indústrias foram seleccionadas para o estudo, incluindo 40 grandes, 80 médias e 130 pequenas empresas. A análise final (descritiva, verificação da fiabilidade e da validade, carga dos factores e análise de regressão por etapas) foi realizada com base nos dados obtidos de 119 empresas certificadas, com uma taxa de resposta de 47,6%. Apenas foram extraídos os factores que representavam uma variância superior a um (com valor próprio > 1).

A variável observada é interpretada como (i) ferramentas de qualidade para analisar as condições actuais ou ferramentas de tomada de decisões (com 7 de 22 ferramentas), (ii) ferramentas de qualidade para analisar as condições actuais ou resolver problemas (9 de 22 ferramentas) e (iii) ferramentas de qualidade para planeamento e controlo da produção ou melhorias (6 de 22 ferramentas). Na perspetiva da gestão, o primeiro e o segundo grupos têm uma influência significativa na produtividade e no moral dos trabalhadores, enquanto o terceiro painel tem um efeito positivo na expansão da capacidade e no desempenho eficiente.

Thurer et al. (2013), O estudo exploratório concentrou-se em pequenas empresas de manufatura no sul do Brasil. Suas principais prioridades competitivas foram identificadas com base no desenvolvimento recente dessas empresas e nas oportunidades e desafios futuros que elas enfrentarão. Com a ajuda da técnica de entrevista telefónica semi-estruturada, foram resumidas as características das 23 empresas da amostra final. Foi pedido a cada entrevistado que enumerasse a razão pela qual os clientes escolhem a sua empresa em vez da concorrência. Os resultados mostram que, para além das quatro grandes prioridades competitivas tradicionais - ou seja, custo, qualidade, flexibilidade e preço -, a capacidade de inovação tem de surgir como a quinta preferência fundamental.

De acordo com os resultados, um total de 19 empresas assinalou a qualidade dos seus produtos como a primeira superioridade competitiva, seguida da marca ou da posição no mercado e do saber-fazer. Neste caso, o saber-fazer representa os produtos e as técnicas de produção únicos, que exigem inovação e flexibilidade. Em contrapartida, o preço não foi considerado como um fator competitivo significativo. Neste contexto, a satisfação simultânea de múltiplos critérios de desempenho, o fornecimento de produtos a um prazo de entrega e a um preço razoáveis foram considerados desafios críticos para os futuros decisores estratégicos da empresa.

Ulengin et al. (2014), O estudo analisou a competitividade da indústria automóvel na Turquia, em ligação com o contexto da competitividade nacional, utilizando um método baseado em Redes Causais Bayesianas (BCN). O estudo salienta que o posicionamento competitivo de uma empresa depende da competitividade (i) da empresa, (ii) do sector industrial em que a empresa opera e (iii) do país onde a empresa está localizada. Para cumprir o objetivo do estudo, os autores utilizaram uma escala de 1 a 10 para os participantes (grupos de accionistas da indústria automóvel). Receberam 72 respostas credíveis de um vasto espetro de participantes.

Com base no consenso do executivo de topo da Federação Turca de Associações Industriais, os autores determinaram os pontos de corte como 8,5 e classificaram todos os indicadores por ordem decrescente para caraterizar a estrutura dos problemas. Os resultados do inquérito revelaram 15 indicadores potenciais que têm impacto no futuro ambicioso da indústria automóvel.

Hautz et al. (2014), O estudo explica o impacto do ambiente macro-competitivo: crescimento macroeconómico e concorrência estrangeira no desenvolvimento de produtos e na diversificação internacional. O crescimento e a contração macroeconómicos tornaram-se um dos parâmetros mais fundamentais da atividade empresarial. Afectam os benefícios oferecidos pela diversificação. O estudo centrou-se em 191 empresas das três maiores economias europeias: Reino Unido, França e Alemanha. Foi utilizado o modelo dos mínimos quadrados em três fases (3SLS) para testar a significância das estimativas. O modelo 3SLS revela uma relação positiva significativa entre (i) a diversificação internacional, (ii) a diversificação de produtos e (iii) a dimensão da empresa. O desempenho anterior da empresa e a intensidade de capital são considerados significativos e negativos em relação à diversificação internacional; a penetração das importações e o crescimento do PIB são considerados negativos em relação à diversificação dos produtos. Por último, o aumento macroeconómico na economia de origem da empresa está significativa e positivamente relacionado com a diversificação dos produtos.

O estudo sublinhou que, para obter oportunidades de desenvolvimento e sustentabilidade a longo prazo, as tendências e os ciclos subjacentes do contexto macro-competitivo devem ser tidos em consideração durante o processo de tomada de decisões estratégicas.

Delgado et al. (2014), O artigo baseou-se em Porter (1998, 2003) e desenvolveu um quadro empírico sistemático para analisar o aspeto dos clusters regionais - grupos de empresas estreitamente relacionadas co-localizadas numa região - no crescimento do comércio e da inovação das indústrias individuais que constituem cada grupo. A análise empírica centrou-se na exploração do crescimento das indústrias regionais existentes, utilizando uma amostra de 48430 indústrias de EA de projectos de mapeamento de clusters dos Estados Unidos, que têm um nível de emprego ativo.

Os resultados do estudo revelaram a coexistência de convergência na indústria regional com economias de aglomeração em indústrias relacionadas dentro dos agrupamentos. O crescimento do emprego industrial aumenta com a força dos grupos relevantes na região e com o poder de clusters semelhantes em áreas geograficamente adjacentes. Os resultados também revelaram que existem complementaridades positivas entre o emprego e as actividades de inovação nas indústrias de um grupo regional que contribuem para o crescimento das indústrias locais.

Wong et al. (2015), Este estudo aborda os desafios enfrentados pela logística de terceiros (3PL) com a rápida demolição das barreiras económicas, a intensa concorrência global, as incertezas económicas inflexíveis e o delicado equilíbrio entre um consumo diferenciado sustentável e uma produção de baixo custo? Para atingir os objectivos do presente documento, esta investigação utiliza as lentes teóricas da Visão Baseada no

Mercado (MBV) e da Visão Baseada nos Recursos (RBV). Os dados foram recolhidos através de uma metodologia de inquérito transversal. A dimensão da amostra é constituída por 1148 unidades; com 163 questionários devolvidos utilizáveis, o modelo PLS-SEM foi adaptado para analisar os dados. A discussão do estudo aborda as seis principais hipóteses de investigação que foram testadas utilizando uma estimativa do valor t e do coeficiente de caminho normalizado no modelo PLS-SEM.

Os resultados do estudo revelaram que a ênfase no baixo custo é altamente desejável, mas é geralmente de curto prazo e difícil de manter. No entanto, se o ambiente económico continuar a ser incerto, os custos mais baixos continuarão a ser uma estratégia adequada. A relação hipotética entre o poder de negociação e a ênfase no baixo custo não foi confirmada no estudo. Além disso, não foi encontrada qualquer relação entre o envolvimento funcional e a ênfase no baixo custo. A hipótese "Impacto direto da capacidade das TI nas tensões operacionais" também não foi confirmada no estudo.

Bhaumik et al. (2015), A literatura sugere que as multinacionais de mercados emergentes (EMNEs) obtêm a sua vantagem dos benefícios específicos do país (CSAs) em vez da vantagem específica da empresa (FSA). Neste estudo, os autores utilizaram dados ao nível da empresa das indústrias electrónicas chinesas. Neste estudo, o autor utilizou a abordagem de fronteira estocástica para a modelação. Depois disso, o índice Malmquist de produtividade total dos factores (PTF) é utilizado para medir o desempenho de escala a nível da empresa, como o progresso técnico e a melhoria da eficiência. As empresas seleccionadas (num total de 13 107) operam a nível internacional, mas também há um número significativo de empresas nacionais.

Os resultados do estudo recomendam que a capacidade atual da empresa seja limitada, pelo que, para gerar mais ganhos, a sua atenção deve centrar-se no desenvolvimento tecnológico. Os autores têm assistido a investimentos em grande escala na China e noutros países em desenvolvimento por parte de empresas ocidentais que procuram uma pequena vantagem competitiva de base. Se estes países expandirem a sua capacidade, a capacidade das empresas ocidentais para competir nestes termos é limitada.

Wang et al.(2016), O estudo investigou o efeito da orientação para o cliente no desempenho da inovação em empresas de fabrico e de serviços e examina o papel mediador da colaboração dos fornecedores e da capacidade tecnológica. Foi utilizada uma técnica baseada num questionário para obter uma resposta das indústrias chinesas. Dos 2675 questionários devolvidos, 2332 foram considerados utilizáveis. A técnica de modelação por mínimos quadrados parciais (PLS) de modelação de equações estruturais (SEM), baseada em bootstrapping, avalia simultaneamente a qualidade dos construtos da investigação e a relação proposta entre esses construtos.

Os resultados mostram que a orientação para o cliente tem um efeito positivo significativo na inovação das empresas devido aos efeitos de modelação de dois recursos substanciais: (i) a colaboração com os fornecedores e (ii) a capacidade técnica. Na perspetiva da visão baseada nos recursos, a colaboração com os fornecedores e a capacidade tecnológica podem ser vistas como recursos valiosos necessários para a inovação. Por conseguinte, para melhorar a capacidade de inovação e o desempenho no mercado, as empresas devem investir nas suas capacidades tecnológicas ou tirar partido das capacidades dos seus fornecedores através de colaborações.

IV.   INDICADORES   DE COMPETITIVIDADE

INTRODUÇÃO

A secção apresenta os resultados sobre as determinantes da competitividade com base no Modelo Diamante de Porter. Os quatro principais factores determinantes do modelo diamante são: (i) condições dos factores, (ii) condições da procura, (iii) estratégia e estrutura da empresa e (iv) presença de indústrias relacionadas e apoiadas e um fator determinante externo é o governo e a cultura. Estes cinco factores determinantes foram medidos com a ajuda de variáveis de substituição e as respostas ao inquérito por questionário em pólos industriais seleccionados, obtidas junto das MPME inquiridas, são calculadas e tabuladas no Quadro 4.1, respetivamente.

4.1. CONDIÇÕES DOS FACTORES

As condições dos factores foram divididas em duas variáveis ocasionais, ou seja, factores básicos e factores avançados. As variáveis substitutas utilizadas para medir os factores de base são os recursos nacionais, os recursos físicos, a mão de obra não qualificada e as pessoas com um elevado nível de formação, e as variáveis substitutas utilizadas para medir os factores avançados de base são, respetivamente, a tecnologia de produção e de processos, os DPI e as patentes e as infra-estruturas de comunicação.

No que diz respeito à primeira variável, ou seja, "presença de recursos naturais", 62% das MPME consideram que estes são factores vantajosos, enquanto 22% descrevem-nos como factores fortemente vantajosos para o posicionamento competitivo. A pontuação global do item PPS é de 80,70%, o que indica a importância dos recursos naturais (Fig. 4.1).

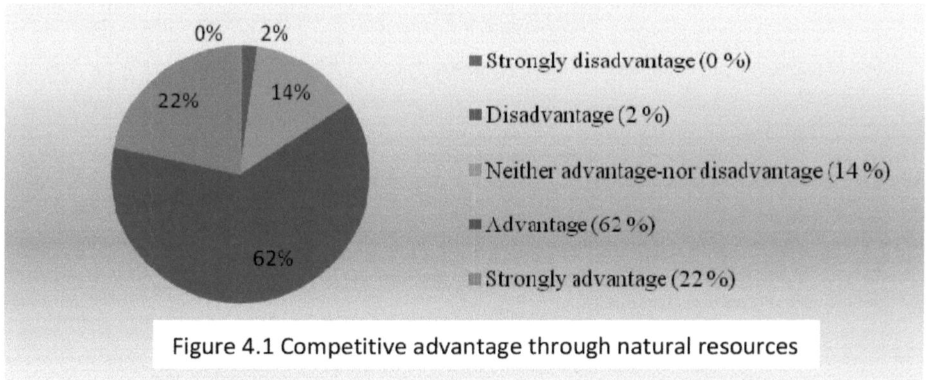

Figure 4.1 Competitive advantage through natural resources

No que respeita à variável de substituição seguinte, ou seja, o "papel dos recursos físicos", os resultados mostram que 61% das empresas concordam que os recursos físicos disponíveis são vantajosos, e 14% são fortemente vantajosos, para alcançar um posicionamento competitivo, como mostra a Fig. 4.2. A pontuação global da PPS para esta construção foi de 77,12, respetivamente.

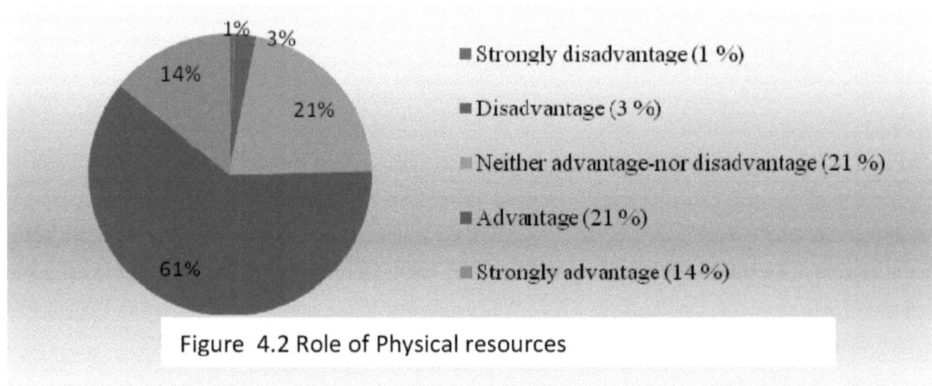

Figure 4.2 Role of Physical resources

Tabela 4.1 Determinantes com variáveis casuais e substitutas para medir a vantagem competitiva; onde: 1 - Fortemente desvantagem 2 - desvantagem, 3 - Nem vantagem-Nem desvantagem, 4 - vantagem e 5 - fortemente vantagem; PPS: Percent Point Score

Condições do fator	Factores básicos	Recursos naturais	1	5	39	179	62	80.70
		Recursos físicos	2	7	61	175	40	77.12
		Mão de obra não qualificada	10	26	53	98	98	77.40
		Pessoal altamente qualificado	2	7	38	138	100	82.95
	Factores avançados	Tecnologias de produção e de processamento	1	2	25	140	118	86.01
		DPI e patentes	97	102	46	21	20	43.57
		Infra-estruturas de comunicação	1	8	55	194	28	76.78
Condições da procura	Volume de mercado	Dimensão do mercado	2	0	20	185	78	83.65
		Padrão de crescimento	1	0	29	202	54	81.54
	Sofisticação	Canais de distribuição	3	7	46	180	46	78.37
		Novos investimentos na região	1	2	48	185	49	79.58
Indústrias conexas e de apoio	Empresas associadas	Atualização tecnológica	2	2	17	95	170	90.00
		fluxo de informação	0	3	45	190	47	79.72
		Desenvolvimento de tecnologias partilhadas	0	5	32	156	91	83.45

	Apoio	Investimentos em I&D	4	21	80	88	91	76.97
		Fornecedores e canais de distribuição	0	8	50	184	44	78.46
		Marketing	0	7	32	173	73	81.89
Estrutura da empresa, estratégia e rivalidade	Rivalidade	Inovação impulsionada	0	5	34	195	52	80.56
	Estrutura/estratégia	Estrutura interna	0	5	28	204	49	80.77
		Concentração geográfica	1	6	32	140	105	84.08
Governo e cultura	Apoio governamental	Sistemas de apoio financeiro	2	3	27	120	134	86.64
		Regulamentação ambiental	1	1	53	189	40	78.73
	Cultura	Impacto da cultura nacional	1	2	41	213	29	78.67
		Clima empresarial	1	2	27	182	73	82.74

No que respeita ao item seguinte, ou seja, "Mão de obra não qualificada", 34% das MPME consideram-no vantajoso e a mesma percentagem considera-o fortemente vantajoso. Isto mostra que a presença de mão de obra não qualificada ajuda a levar a cabo as suas operações comerciais de forma eficaz. A pontuação global da PPS para este item foi de 77,40. A figura 4.3 apresenta os pormenores.

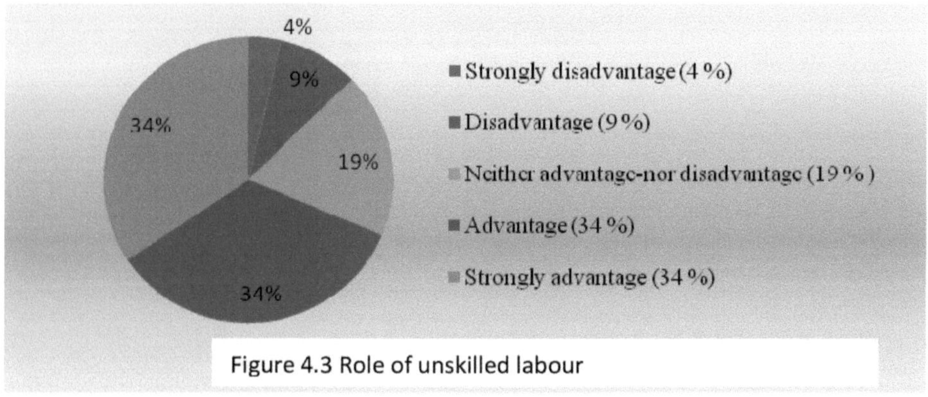

Figure 4.3 Role of unskilled labour

No que respeita ao papel da variável de substituição, ou seja, "pessoal altamente qualificado", na obtenção de um posicionamento competitivo nas MPME, os resultados são apresentados na Figura 4.4. Verificou-se que 35% das empresas consideram que é muito vantajoso e 48% que é vantajoso. A pontuação global da PPS para este item foi de 82,95%, o que é bastante elevado.

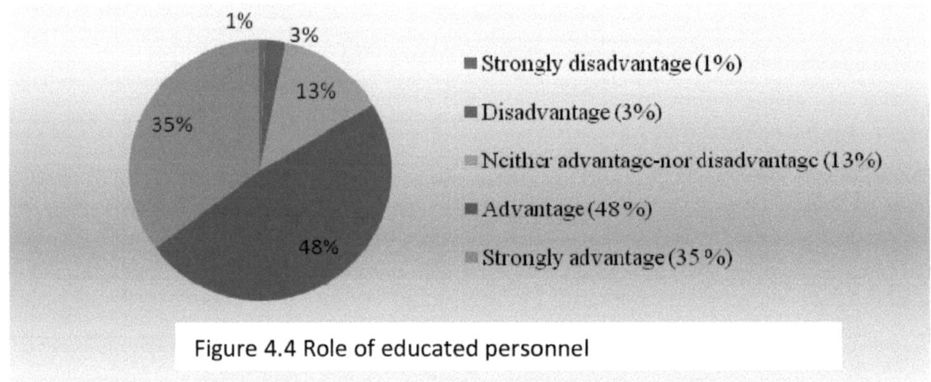

Figure 4.4 Role of educated personnel

No que diz respeito à variável casual seguinte, ou seja, factores de avanço, o papel da produção avançada e da tecnologia de processamento não pode ser ignorado em qualquer fase do processamento. Relativamente a este indicador, 90% das empresas (49 Vantagens, 41 Fortes vantagens) consideram necessário dispor de tecnologias de produção e de transformação actualizadas, como mostra a figura 4.5. A pontuação global da PPS para este item foi de 82,95%.

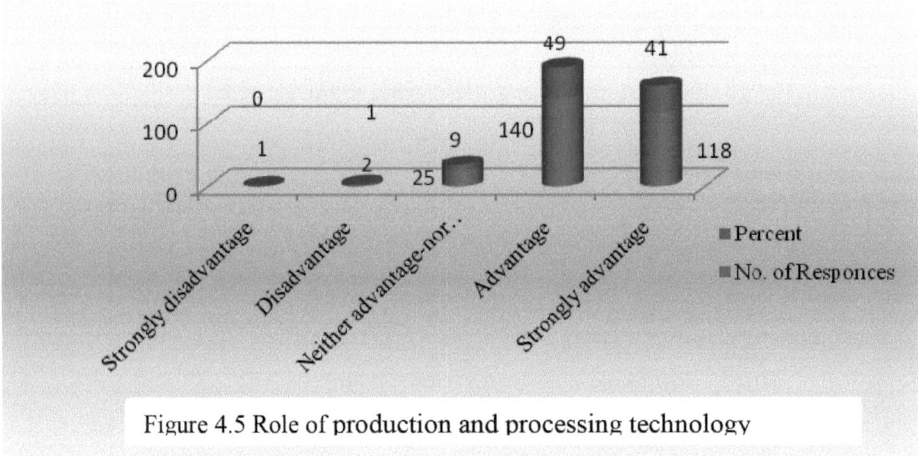

Figure 4.5 Role of production and processing technology

As MPME foram consideradas fracas na variável de substituição, ou seja, DPI e patentes, tal como refletido na Fig. 4.6, que mostra que apenas 41% das empresas a consideram um fator determinante vantajoso para o posicionamento competitivo. A pontuação global da PPS deste item foi considerada bastante baixa, com apenas 43,57%, o que requer melhorias consideráveis.

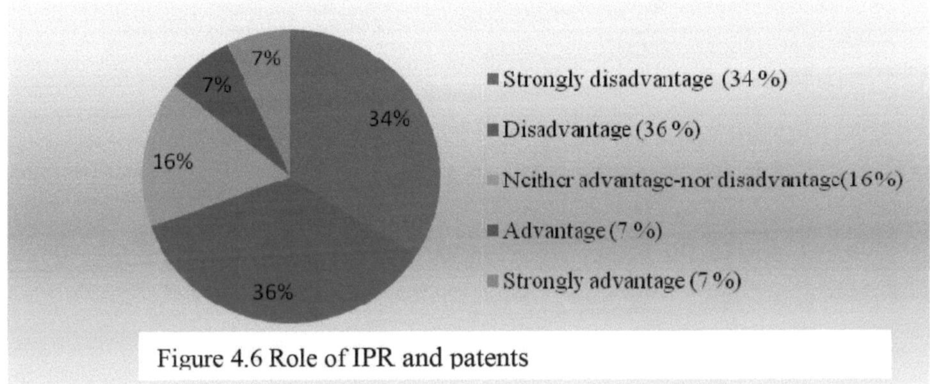

Figure 4.6 Role of IPR and patents

No que diz respeito ao último item dos factores avançados, ou seja, "infra-estruturas de comunicação", os resultados do inquérito assim obtidos mostram que cerca de 68% das MPME consideram que a existência de melhores infra-estruturas de comunicação desempenha um papel importante no posicionamento competitivo, tal como ilustrado na figura 4.7.

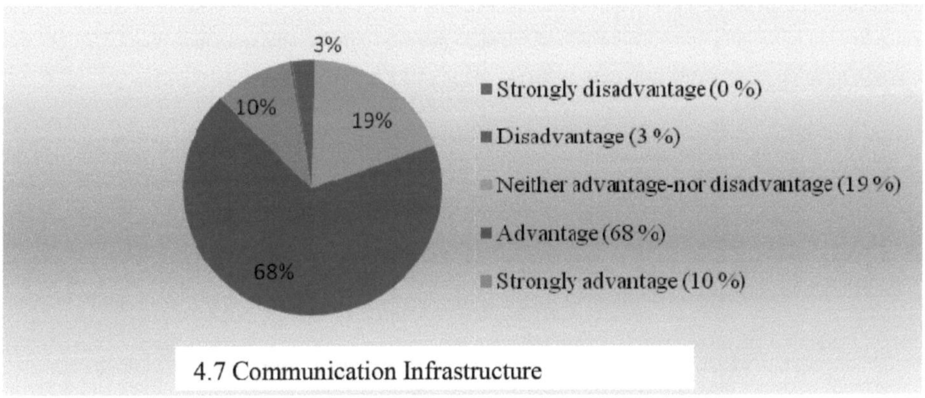

4.7 Communication Infrastructure

4.2 CONDIÇÕES DE PROCURA

O segundo fator determinante do modelo do diamante de Porter são as condições da procura. Esta determinante está subdividida em duas variáveis de substituição: (i) valor de mercado e (ii) sofisticação. Relativamente a esta variável, foram formuladas perguntas que dão uma ideia da dimensão do mercado, do padrão de crescimento, dos canais de distribuição e do efeito de novos investimentos na região.

No que respeita ao primeiro item "dimensão do mercado", os resultados mostram que 65% das empresas o consideram vantajoso, enquanto 27% o consideram fortemente vantajoso, uma vez que o aumento da dimensão do mercado ajuda a criar um posicionamento competitivo. A pontuação global da PPS para este item foi de 83,65%. A Figura 4.8 apresenta os pormenores.

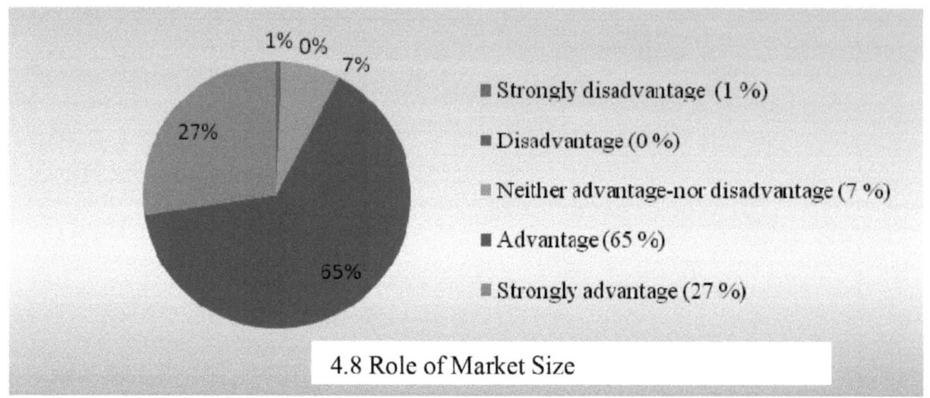

4.8 Role of Market Size

No que respeita ao segundo item "padrão de crescimento", a Figura 4.9 mostra os pormenores necessários. Verifica-se que 71% das MPME confirmam que é vantajoso, enquanto 17% das empresas o consideram fortemente vantajoso.

A pontuação global da PPS para este item foi de 81,54%, o que é bastante considerável. O crescimento do mercado é tão importante como a dimensão absoluta do mercado e indica uma tendência futura. Um mercado interno em rápido crescimento inspira as empresas de um país a adoptarem novas tecnologias.

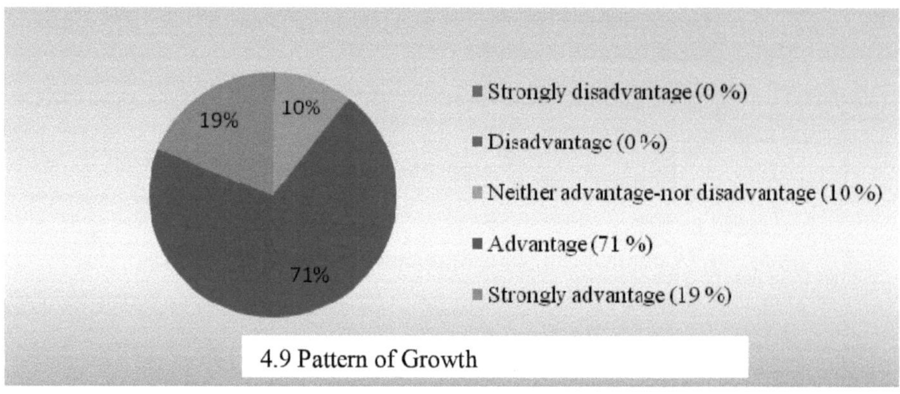

4.9 Pattern of Growth

A segunda variável ocasional, ou seja, a sofisticação, é medida utilizando duas variáveis de substituição, ou seja, os canais de distribuição e os novos investimentos na região. No que respeita ao primeiro item "canal de distribuição", os resultados são apresentados na figura 4.10. 64% das empresas consideram-no vantajoso, enquanto 16% o consideram muito vantajoso e a pontuação global da PPS é de 78,37%, o que mostra que o canal de distribuição desempenha um papel muito importante, uma vez que afecta diretamente a facilidade de disponibilização dos produtos aos clientes.

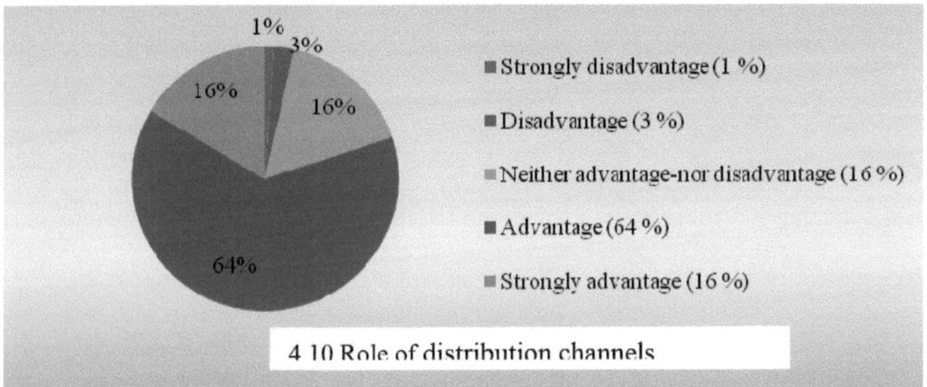

4 10 Role of distribution channels

No que respeita à variável de substituição seguinte, ou seja, "efeito de novos investimentos na região", as respostas recolhidas (figura 4.11) mostram que 65% das MPME consideram que é vantajoso, ao passo que 17% das MPME consideram que é muito vantajoso, uma vez que ajuda a criar um posicionamento competitivo. A pontuação global da PPS para este item foi de 79,72.

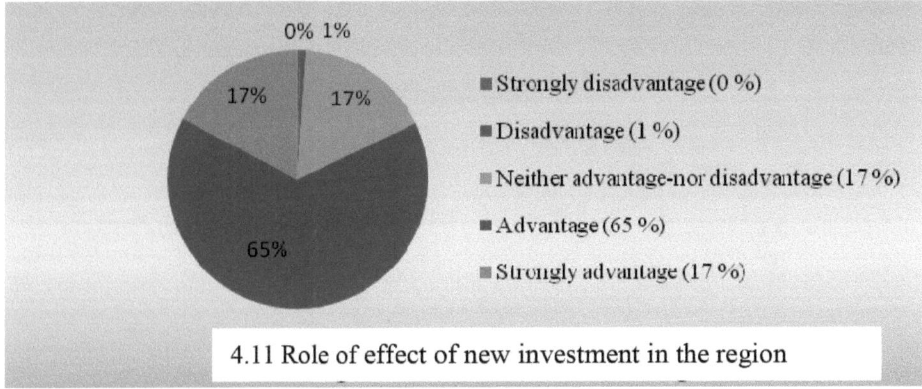

4.11 Role of effect of new investment in the region

4.3 SECTORES CONEXOS E APOIADOS

O terceiro fator determinante do modelo diamante de Porter são as indústrias relacionadas e apoiadas. Este fator determinante subdivide-se em duas variáveis casuais, ou seja, empresas relacionadas e indústrias de apoio. A primeira variável consiste no papel da atualização tecnológica, no fluxo de informação e no desenvolvimento de tecnologias partilhadas. A segunda variável de apoio consiste em investimentos em I&D, fornecedores, canais de distribuição e marketing.

No que respeita ao item "o papel da atualização tecnológica", os resultados são apresentados na figura 4.12. Verifica-se que 59% dos inquiridos concordam que é muito vantajoso e 33% consideram que é vantajoso. A pontuação global da PPS para este item foi de 90,00%, o que mostra que a atualização tecnológica desempenha um papel importante no posicionamento competitivo das empresas.

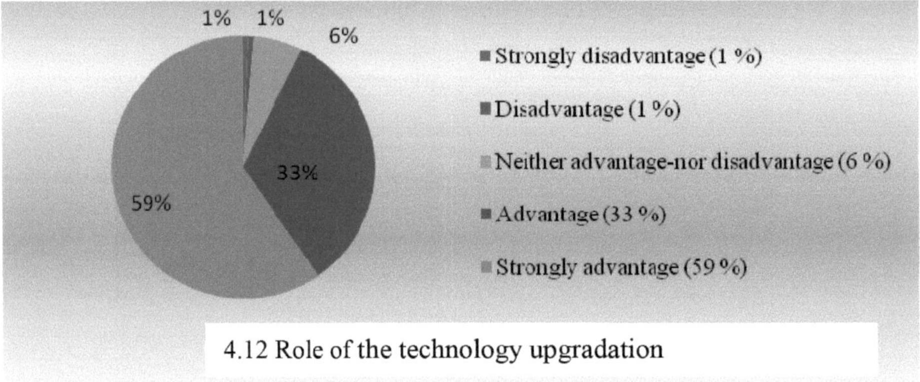

4.12 Role of the technology upgradation

No que respeita à variável de substituição seguinte, ou seja, "papel do fluxo de informação", os resultados são apresentados na figura 4.13. Verifica-se que 67% das empresas consideraram-no vantajoso, enquanto 16% o consideraram muito vantajoso. A pontuação global para este item foi de 79,58%.

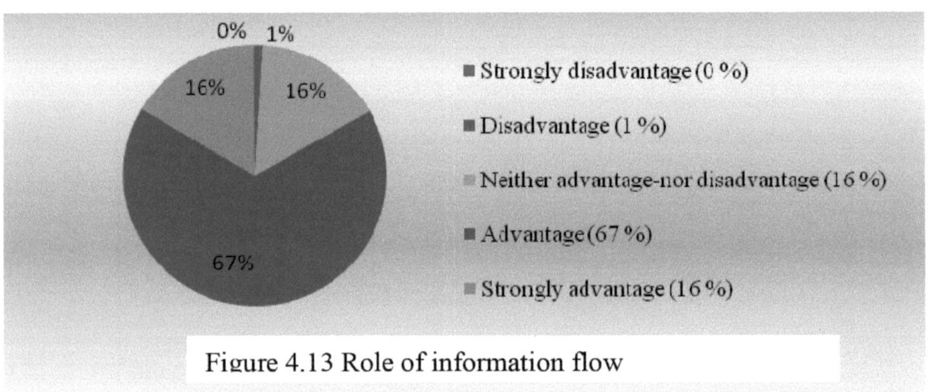

Figure 4.13 Role of information flow

Uma vez que as MPME se debatem com dificuldades de gestão financeira, é muito importante partilhar tecnologia com outras empresas. No que respeita a este indicador, as respostas são apresentadas na Fig. 4.14. 55% das empresas descrevem-no como vantajoso, enquanto 32% das empresas o descrevem como fortemente vantajoso. A pontuação global da PPS para este item foi de 83,45.

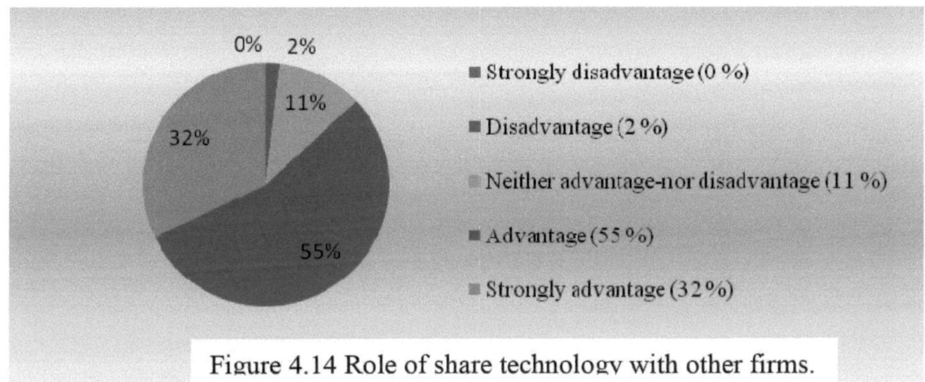

Figure 4.14 Role of share technology with other firms.

No que respeita ao "papel dos investimentos em I&D", verificou-se que 63% das empresas o consideram vantajoso e 32% o consideram fortemente vantajoso. A pontuação global da PPS para este item é de 76,97%. A Figura 4.15 apresenta os resultados.

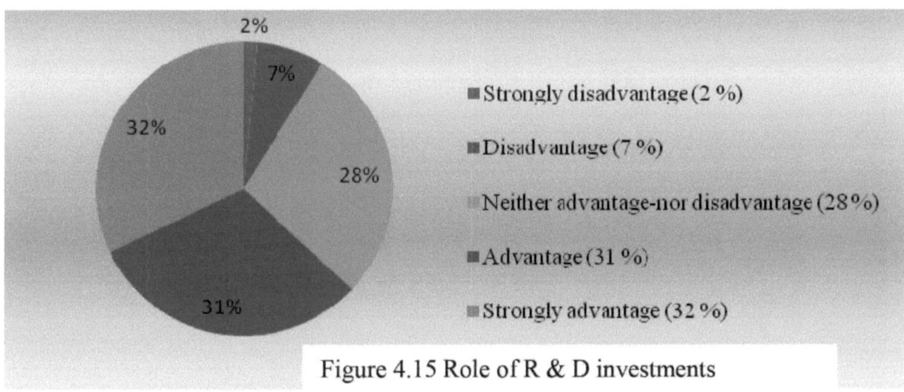

Figure 4.15 Role of R & D investments

No que respeita ao item seguinte, "papel do fornecedor e do canal de distribuição", verificou-se que 64% das empresas o descreveram como vantajoso, enquanto 15% o consideram muito vantajoso. A pontuação global da PPS para este item foi de 78,46%, sendo os pormenores apresentados na figura 4.16 abaixo.

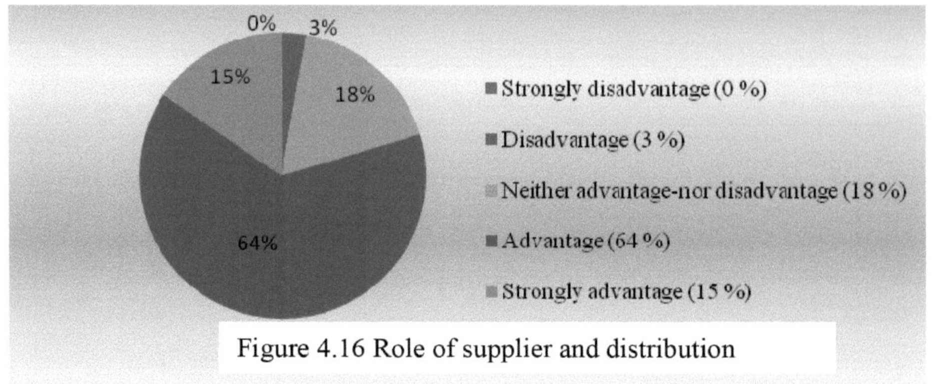

Figure 4.16 Role of supplier and distribution

A variável seguinte é a "importância do marketing", e pode ver-se na figura 4.17 que 61% das empresas a descreveram como vantajosa, enquanto 11% a consideraram nem vantajosa nem desvantajosa e 26% a consideraram fortemente vantajosa. A pontuação global da PPS para este item foi de 81,89%, o que mostra que o marketing desempenha um papel importante no posicionamento competitivo das MPME.

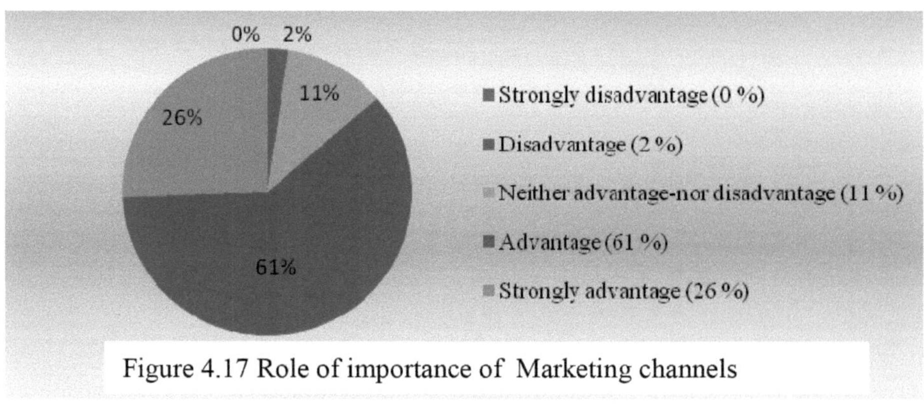

Figure 4.17 Role of importance of Marketing channels

4.4 ESTRUTURA, ESTRATÉGIA E RIVALIDADE DAS EMPRESAS

A quarta determinante de Porter é a estrutura, a estratégia e a rivalidade da empresa, que se subdivide em duas variáveis casuais, ou seja, a rivalidade e a estrutura/estratégia. As estratégias e a estrutura das empresas desempenham um papel muito importante, pois dependem da forma como as empresas foram criadas, organizadas e geridas e da natureza da rivalidade interna. As perguntas foram formuladas para recolher informações relativas a várias variáveis de substituição, que incluem a rivalidade, ou seja, a inovação de impulso, a estrutura interna e a concentração geográfica.

Relativamente ao primeiro item "inovação impulsionada", os dados foram obtidos e apresentados como mostra a figura 4.18. Como se pode ver na figura, 68% das empresas descreveram como vantajoso e 18% como fortemente vantajoso alcançar uma vantagem competitiva através do reforço da inovação. A pontuação global da PPS para este item foi de 80,56.

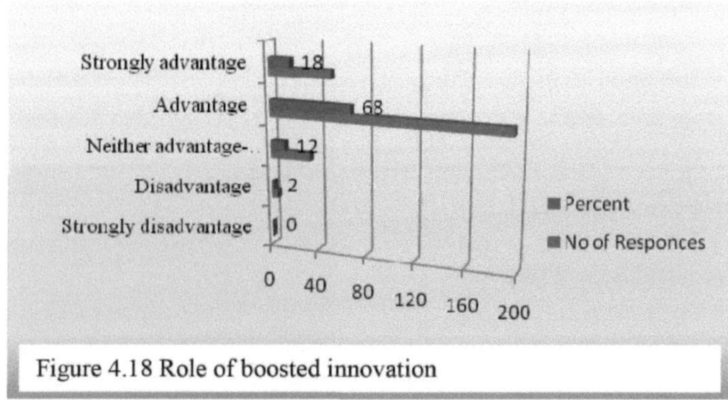

Figure 4.18 Role of boosted innovation

No que respeita ao item seguinte, "estrutura interna", os resultados são apresentados na figura 4.19. Pode ver-se na figura que 71% das empresas o descreveram como vantajoso, enquanto 17% o consideraram fortemente vantajoso. A pontuação global da PPS para este item foi de 80,77.

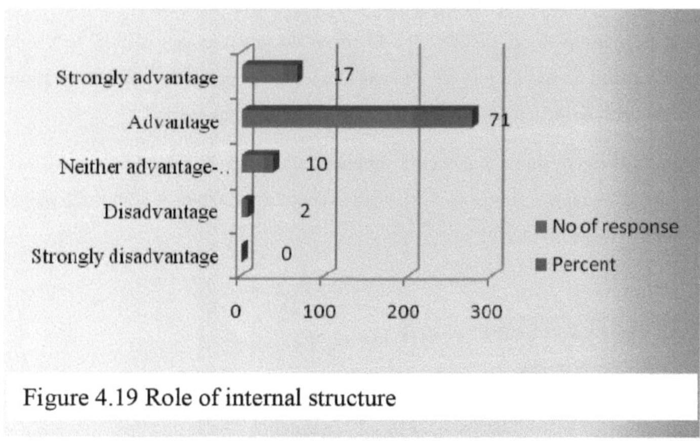

Figure 4.19 Role of internal structure

No que diz respeito ao próximo item "concentração geográfica", os resultados são descritos como 49% das empresas consideraram vantajoso ter concentração geográfica, enquanto 37% consideraram fortemente vantajoso, como mostra a figura 4.20. A pontuação global da PPS foi de 84,08%, o que é bastante elevado.

33

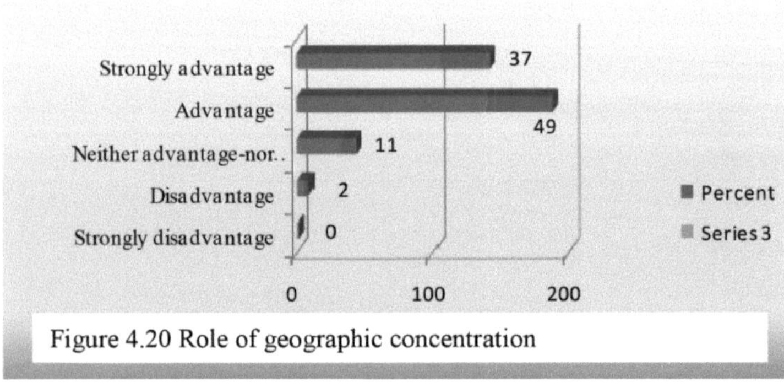

Figure 4.20 Role of geographic concentration

4.5 GOVERNO E CULTURA

Embora o governo e a cultura tenham sido introduzidos como uma variável externa no modelo de diamante de Porter, desempenham um papel muito importante e têm um efeito significativo que determina a vantagem competitiva de uma empresa. O papel do governo consiste em elaborar políticas e regulamentos que podem trazer benefícios ou influenciar negativamente os sectores. Por exemplo, subsídios, impostos, incentivos financeiros, políticas de educação, normas de qualidade, etc. O papel do governo nas MPME tem sido bastante direto. Este fator determinante é medido através de questões como o papel do sistema de apoio financeiro, a regulamentação ambiental, o impacto da cultura nacional e o clima empresarial.

No que respeita ao primeiro item "sistema de apoio financeiro", apresentado na figura 4.21, 47% das MPME inquiridas consideram-no fortemente vantajoso, enquanto 42% o consideram importante. A pontuação global da PPS para este fator determinante é de 86,64%.

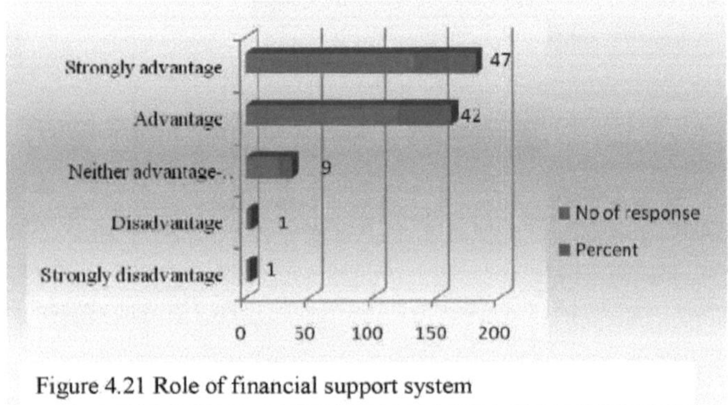

Figure 4.21 Role of financial support system

No que respeita ao item seguinte "regulamentação ambiental", verifica-se que 67% das empresas consideram vantajoso dispor de regras e regulamentos adequados em matéria de gestão ambiental, ao passo que apenas 14% o consideram fortemente vantajoso. A pontuação global da PPS para este item é de 78,73. Os resultados relativos ao papel da regulamentação ambiental na competitividade da empresa são apresentados na figura

34

4.22, respetivamente.

O comportamento das pessoas em relação à qualidade desempenha um papel importante. As exigências mais específicas levam as empresas a fabricar produtos de melhor qualidade, o que conduz a uma maior competitividade. O resultado relativo à variável de substituição "impacto da cultura nacional" apresentado na figura 4.23 mostra que 74% dos inquiridos a consideram vantajosa e 10% a consideram fortemente vantajosa. A pontuação global da PPS para este item foi de 78,67.

No que respeita ao último item "papel do clima empresarial", apresentado na figura 4.24, verifica-se que 64% das empresas o consideram vantajoso, enquanto 26% o consideram fortemente vantajoso. A pontuação global da PPS para este item foi de 82,74%.

V. ANÁLISE COMPARATIVA COM O MODELO DE PORTER

5.1 COMPRIMENTO DOS EIXOS DIAMANTADOS

Para determinar a vantagem competitiva de vários sectores das MPME, ou seja, os sectores farmacêutico, eletrónico, automóvel, alimentar e têxtil, foram determinadas as dimensões individuais dos eixos de diamante relacionadas com vários factores determinantes (condições dos factores, condições da procura, indústrias relacionadas e de apoio, estratégia da empresa, estrutura e rivalidade e governo e cultura) do modelo de Porter.

Posteriormente, foram calculadas e analisadas as áreas de superfície dos diamantes para os diferentes sectores. A Tabela 5.1 apresenta os pormenores relativos aos determinantes e às variáveis. Os resultados descritivos relativos às pontuações nos sectores das MPME são apresentados no Quadro 5.2 e a Figura 5.1 (a) a (e) apresenta a representação gráfica das conclusões relacionadas com os eixos do diamante.

Tabela 5.1 Determinantes do diamante de Porter

S. N.º	Determinantes	Variável casual	Escala de intervalo	Proxy variable	Number
1	Condições do fator (máx. 10)	*Básico* *Avanço*	(1 - 10)	*F1, F2, F3, F4,* *F5, F6, F7, F8, F9*	9
2	Condições de procura (máx. 10)	*Sofisticação do volume* *de mercado*	(1 - 10)	*D1, D2, D3, D4, D5,* *D6, D7, D8, D9*	9
3	Indústrias conexas e de apoio (máx. 10)	*Empresas relacionadas* *Apoio*	(1 - 10)	*RS1, RS2, RS3,* *RS4, RS5, RS6, RS7, RS8*	8
4	Estrutura da empresa, estratégia e rivalidade (máx. 10)	*Rivalidade* *Estrutura/estratégia*	(1 -10)	*FS1, FS2, FS3, FS4,* *FS5, FS6, FS7, FS8*	8
5	Governo e cultura (máx. 4)	*Apoio governamental* *e cultura*	(-4 - 4)	*GC1, GC2, GC3, GC4,* *GC5, GC6, GC7, GC8,* *GC9*	9

Onde:

F1 : Recursos naturais
F2: Recursos físicos
F3: Mão de obra não qualificada
F4: Mão de obra qualificada
F5:Produção e processo tecnologia
F6: Científico e tecnológico Informações
F7: Utilização da capacidade
F8:Infra-estruturas de comunicação
F9 DPI e patente
D1: Dimensão da procura interna
D2: Padrão de crescimento
D3: Potencial de exportação
D4:Aumento periódico de procura
D5: Valor da marca
D6: Novos investimentos na região

D7: Canal de distribuição
D8: Burocracia e controlo
D9: Nível de eficiência do serviço
RS1: Nível de atualização tecnológica gradação
RS2: Fluxo de informação rápido
RS3:Tecnologia partilhada desenvolvimento
RS4: Nível de trabalho ativo das sociedades civis relevantes
RS5: Investimento em I & D
RS6: Fornecedores e distribuição canal
RS7: Apoio à comercialização
RS8: Relações com a investigação e institutos de desenvolvimento
FS1: Impulsionar a inovação

FS2: Nível de inovação de marketing
FS3: Nível de qualidade práticas de gestão
FS4: Fluxo de informação com a empresa
FS5: Prémios de qualidade
FS6: Estrutura interna
FS7: Concentração geográfica
FS8: Qualidade do fornecedor

CG1: Sistema de apoio financeiro
CG2: Regulamentação ambiental
CG3: Apoio à I & D
CG4: Instalações de formação
CG5: Afetação de terrenos industriais
CG6: Legislação laboral
CG7: Impacto da cultura nacional
CG8: Clima empresarial
GC9:Regras formais e informais

Quadro 5.2 Pontuação setorial dos principais sectores das MPME

N.º Sr.	Determinantes	Variáveis casuais	Farmacêutico	Eletrónica	Automóvel	Alimentação	Têxtil
1	Condições do fator (máx. 10)	Básico	7.75	5.03	7.69	8.69	5.22
		Avanço	8.56	7.04	6.21	6.21	4 20
		Soma	**8.15**	**6.04**	**6.95**	**7.45**	**4.71**
2	Condições da procura (máx. 10)	Valor de mercado	8.79	8.90	6.34	8.79	7.12
		Sofisticação	8.76	7.65	7.04	7.82	8.25
		Soma	**8.78**	**8.28**	**6.69**	**8.30**	**7.69**
3	Relacionadas e de apoio sectores (máx. 10)	Relacionadas empresas	9.57	6.82	6.22	7.69	4.24
		Apoio	8.68	5.14	7.18	8.53	4.32
		Soma	**9.13**	**5.98**	**6.70**	**8.11**	**4.28**
4	Estratégia, estrutura e rivalidade	Rivalidade	8.67	7.28	7.57	6.05	6.65
		Estrutura/estratégia	8.74	6.36	6.23	6.29	6.54

5.2 ÁREAS DE SUPERFÍCIE DO DIAMANTE

Depois de apresentar as principais conclusões para cada dimensão do diamante separadamente, as áreas da superfície do diamante para todos os sectores industriais considerados no estudo são calculadas através da soma das áreas individuais do triângulo de cada quadrante, como se mostra no Quadro 5.3. **3 Superfícies do diamante para os sectores das MPME**

Área de superfície do diamante	P	E	A	F	T
ASD = estratégia, estrutura e rivalidade da empresa * ½ condições da procura	38.25	28.23	23.08	30.91	25.72
ARD = indústrias conexas e de apoio * ½ condição da procura	40.14	24.75	22.41	33.66	16.46
ARF = indústrias relacionadas e de apoio * ½ condição do fator	37.20	18.06	23.28	32.21	10.08
PSA = estratégia da empresa e condições de rivalidade * ½ condições dos factores	38.25	20.65	23.98	22.98	15.75
Soma (unidades)	**153.85**	**91.79**	**92.75**	**119.76**	**68.01**
Onde: P = Farmacêutica, E = Eletrónica. A = Automóvel, F = Alimentar, T = Têxtil					

5.3 DEBATE POR SECTOR

5.3.1 SECTOR FARMACÊUTICO

Com uma competitividade emergente e competências empresariais, este sector das MPME destaca-se pela grande presença do sector privado e conquistou uma parte substancial do mercado interno e externo. A pontuação do sector nas condições dos factores é de 8,15, o que indica a sua força, especialmente em condições de factores avançados, tais como tipos de equipamento de alta tecnologia, mão de obra qualificada e recursos de conhecimento. Este sector produz uma vasta gama de medicamentos para satisfazer a elevada procura de diferentes segmentos de consumidores, tal como revelado pela sua elevada pontuação (8,78) nas condições de procura. Além disso, a pontuação muito elevada no terceiro e quarto determinantes, 9,13 e

8,17, respetivamente, indica uma vantagem competitiva elevada das indústrias de apoio e estratégias de distribuição de recursos nas empresas a jusante.

5.1.1 SECTOR DA ELECTRÓNICA

O valor elevado do segundo determinante (8,28) mostra a necessidade de produtos electrónicos no mercado indiano. As pontuações médias do primeiro, terceiro e quarto determinantes (6,04, 5,98 e 6,82, respetivamente) revelam desafios no que diz respeito à mão de obra com as competências necessárias, ao apoio global das indústrias conexas e à compreensão das empresas quanto à importância da elaboração de estratégias na perspetiva do atual cenário de mercado.

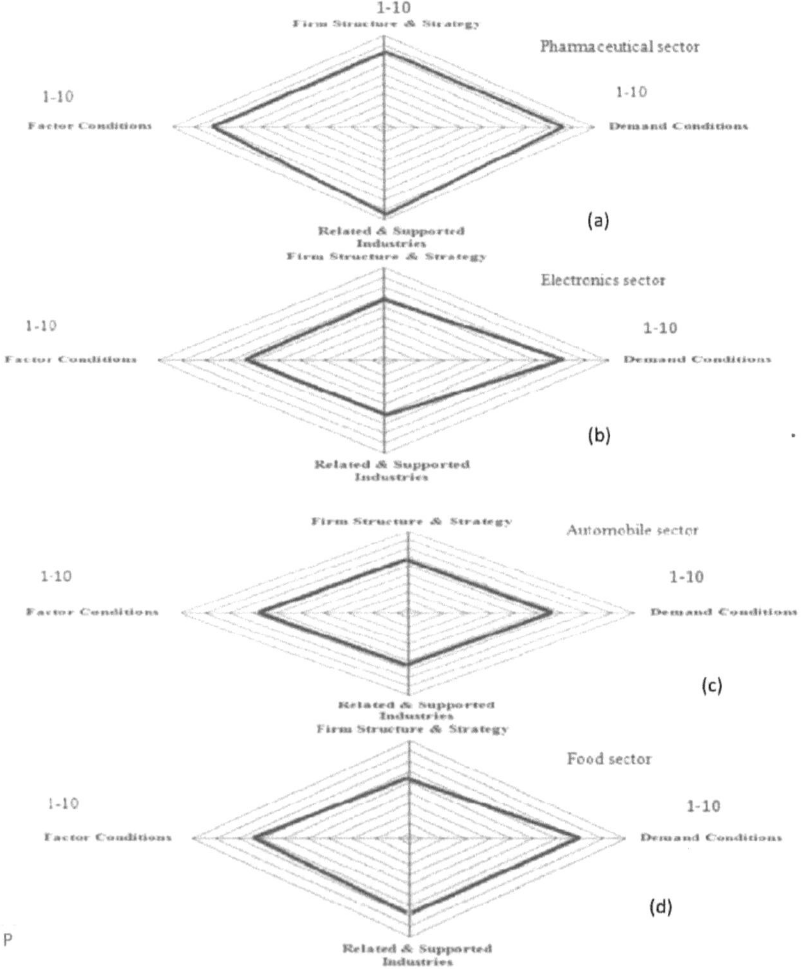

38

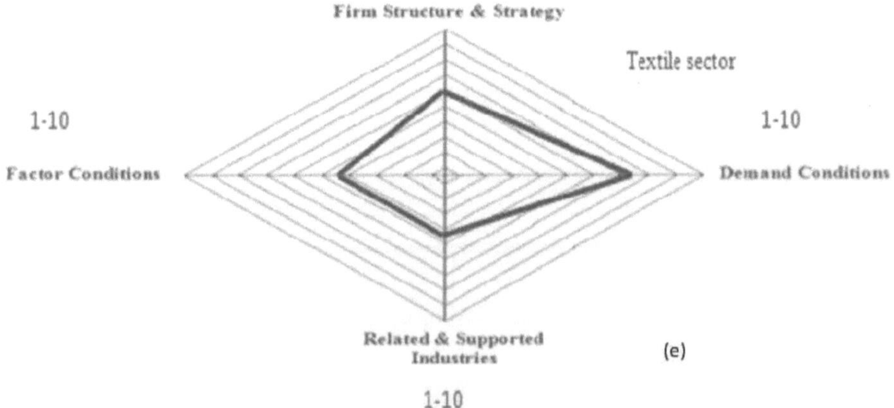

Figura 5.1 (a) a (e) Representação gráfica dos eixos em diamante dos sectores das MPME

5.3.3 SECTOR AUTOMÓVEL

A prática de filosofias de gestão da qualidade, tais como 5S e Housekeeping, TPM, etc., no sector automóvel deu um impulso à melhoria da qualidade neste sector, como é evidente pela pontuação moderada nos quatro factores determinantes, como indicado no Quadro 5.2 e na Figura 5.1 (c). A disponibilidade da mão de obra necessária, qualificada e não qualificada (6,95), é uma das variáveis importantes no âmbito das condições dos factores que devem ser abordadas para melhorar a competitividade. Além disso, sendo a Índia um país em desenvolvimento, a procura de veículos automóveis está a aumentar constantemente (6,69). A existência de uma forte rede de cadeias de abastecimento e de uma estratégia empresarial para satisfazer a procura futura foram consideradas apreciáveis, tal como indicado pela pontuação média de 6,70 e 6,90, respetivamente.

5.3.4 SECTOR ALIMENTAR

Depois do sector farmacêutico, o sector alimentar apresenta um elevado crescimento na região. Este sector estabelece uma ligação vital e uma sinergia entre os dois pilares da economia indiana (i) a indústria e (ii) a agricultura. O elevado nível de procura (8.30) faz da Índia o segundo maior produtor mundial de géneros alimentícios. O enorme potencial de crescimento deste sector pode ser compreendido pelo facto de

A produção alimentar no país deverá duplicar nos próximos 10 anos, ao passo que o consumo de produtos alimentares de valor acrescentado também aumentará de forma correspondente. O elevado valor das indústrias conexas e apoiadas (8,11) mostra o aumento do rendimento agrícola, o aumento da produtividade, a criação de emprego e a melhoria do nível de vida de um grande número de pessoas em todo o país, especialmente nas zonas rurais. Além disso, a Figura 5.80 (d) mostra a pontuação elevada (7,45) e moderada (6,17) obtida pelo sector nos dois determinantes restantes (i) condições dos factores (iv) estrutura e estratégia da empresa, o que mostra a capacidade deste sector para manter uma vantagem competitiva elevada durante um longo período de tempo.

5.3.5 SECTOR TÊXTIL

Este sector enfrenta a concorrência em termos de produtividade, prazos de entrega, fiabilidade dos produtos e outros factores intangíveis como a imagem do país/empresa e a qualidade da marca. Este sector apresenta uma pontuação média nos factores condição e apoio das indústrias relacionadas, ou seja, 4,71 e 4,28, respetivamente. Por outro lado, devido às condições de elevada procura (7,69), este sector apresenta uma enorme margem de manobra para novas tecnologias, marcas e produtos de qualidade através do desenvolvimento de novas estratégias competitivas. A figura 5.1 (e) mostra um diamante comparativamente mais pequeno para este sector.

Porter sugeriu que um diamante grande representa uma competitividade elevada e um diamante pequeno representa uma competitividade baixa (Dogl *et al.*, 2012). A área de superfície global do sector farmacêutico é muito elevada, 153,85, o que mostra o seu elevado posicionamento competitivo entre outros sectores, tal como representado na Figura 5.2. O elevado crescimento do sector farmacêutico atraiu intervenientes mundiais para a Índia e líderes como Ranbaxy Laboratories Ltd., Dr. Reddy's, Sun pharmaceutical, Cipla Ltd. e muitos outros fizeram grandes investimentos para aceder ao mercado indiano.

A área de superfície global dos sectores eletrónico e automóvel é considerada moderada, ou seja, 91,79 e 92,75, respetivamente. Isto deve-se ao efeito consequente da baixa pontuação nos 3rd determinantes do modelo diamante. A elevada área de superfície no sector alimentar, ou seja, 119,76, mostra o potencial da tecnologia alimentar, o investimento em novos projectos e o ambiente para um desenvolvimento mais rápido neste sector. A indústria alimentar começou a produzir muitos produtos novos, como alimentos prontos a consumir, bebidas, frutas e produtos hortícolas transformados e congelados, produtos marinhos e de carne, etc.

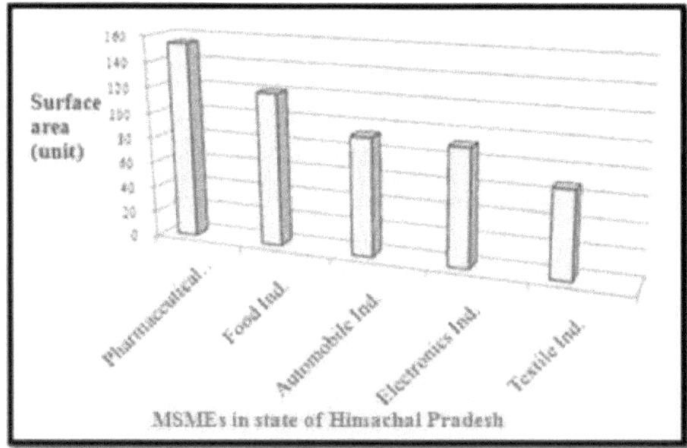

Figura 5.2 Superfície setorial/posicionamento competitivo das MPME

Conclusões O consumidor indiano está a ser rapidamente apresentado a novos produtos alimentares de alta qualidade fabricados com a mais recente tecnologia de ponta, o que também está a dar à indústria uma vantagem competitiva. A China constituiria uma grande ameaça para este sector, uma vez que, nas últimas décadas, a China melhorou a sua tecnologia mais rapidamente do que a Índia e exporta produtos de qualidade consideravelmente superior a esta última. A baixa pontuação da área de superfície do modelo de Porter (68,01) no sector têxtil mostra que este sector necessita de reformas estruturais. O sector indiano dos têxteis e do vestuário tem um enorme potencial, do qual apenas uma parte foi explorada devido a restrições políticas.

No entanto, existe um potencial considerável que não foi explorado, principalmente devido às políticas governamentais, aos recursos financeiros limitados e à falta de competências empresariais na região. Uma vez que o fabrico de vestuário está reservado a indústrias de pequena escala na Índia, as empresas de pequena dimensão não podem criar produtos competitivos. Na Índia, a maior parte das fábricas têxteis são organizadas, mas a procura de vestuário indiano no estrangeiro é orientada para a moda.

5.4 RESUMO

Os resultados apresentados nesta secção indicam que cerca de 99% das empresas que operam nos clusters industriais seleccionados têm consciência da qualidade e cerca de 70% delas têm certificação ISO e as principais razões para a introdução de práticas de GQ são o aumento da produtividade, a rentabilidade e o crescimento e dinamismo a longo prazo. A maioria das empresas adoptou práticas/programas de qualidade desde 2005 e quase todas utilizam práticas de gestão da qualidade em todas as fases do trabalho, ou seja, inspeccionam as matérias-primas recebidas, o trabalho em curso e os produtos finais. A obtenção da certificação de normas de qualidade ajuda as empresas a tornarem-se competitivas tanto no mercado interno como no externo.

O inquérito relativo à aplicação do modelo de Porter Diamond para a competitividade indica que o desenvolvimento de clusters industriais ajuda a reforçar a capacidade de inovação e a promoção da cooperação com parceiros locais/estrangeiros no investimento em I&D e no desenvolvimento/atualização de tecnologias partilhadas. A partir da análise dos resultados, observa-se que a competitividade entre os sectores das MPME é sobretudo afetada por recursos intangíveis que são difíceis de imitar pelos concorrentes e pelas condições da procura, seguidas pela estratégia, estrutura e rivalidade das empresas e pelas indústrias de apoio. Além disso, os eixos em diamante indicam uma diferença significativa no que diz respeito aos determinantes, em vários sectores das MPME na região, o que pode ajudar os gestores a realizar uma análise SWOT e a concentrar-se nas áreas em que têm pontos fortes e a introduzir medidas correctivas para ultrapassar potenciais pontos fracos. Por exemplo, no sector têxtil, os factores determinantes como as condições dos factores e as indústrias relacionadas e apoiadas obtiveram 4,71 e 4,28, respetivamente, o que deve ser reforçado, uma vez que este sector ocupa a última posição, com uma superfície mínima de 68. Por outro lado, devido às condições de elevada procura (7,69), este sector revela uma enorme margem de manobra para novas tecnologias, marcas e produtos de qualidade através do desenvolvimento de novas estratégias competitivas.

De um modo geral, os resultados apresentados neste capítulo podem revelar-se úteis, na medida em que fornecem uma perspetiva das questões políticas relacionadas com o desenvolvimento das MPME.

42

REFERÊNCIAS

Agus, A. e Hassan, Z. (2011), "Enhancing production performance and customer performance through total quality management", *Strategies for Competitive Advantage,* Vol. 24, pp. 1650-1662.

Alan, M. R., e Chang, H. O. (2008), "The international competitiveness of Asian firms", *Journal of Strategy and Management,* Vol. 1, No. 1, pp. 57 - 71.

Ana, B.E.C., Juan, C. B. L. e Vicente, R. P. (2001), "Measuring the relationship between total quality management and sustainable competitive advantage: A resource based view", *Total Quality Management,* Vol. 12, No. 7-8, pp. 932-938.

Anderson, J. C. e Schroeder, R. G. (1994), "A theory of quality management underlying the Deming management method", *Academy of management review,* Vol. 19, No. 3, pp. 472-509.

Anderson, M. e Sohal, A. S. (1999), "A study of the relationship between quality management practices and performance in small businesses", *International Journal of Quality & Reliability Management*, Vol. 16, No. 9, pp. 859 -877.

Angela, H. (2005), "Innovativeness among small businesses: theory and propositions for future research", *Industrial Marketing Research*, Vol. 5, No. 34, pp.773-782.

Relatório anual (2012-2013), "Ministério das Micro, Pequenas e Médias Empresas" *[em linha]* http://www.msme.gov.in

Antony, J. (2008), "Can Six Sigma be effective implemented in SMEs? *International Journal of Productivity and Performance Management,* Vol. 57, No. 5, pp. 420-423.

Anupam, D. Himangshu, P. e Fredric, W. (2008), "Developing and validating total quality management (TQM) constructs in the context of Thailand's manufacturing industry". *Benchmarking: An International Journal,* Vol. 15, No. 1, pp. 51-72.

Arora, P. (2011), "Innovation in Indian Firms: Evidence from the Pilot National Innovation Survey", *ASCI Journal ofManagement*, Vol. 41, No. 1, pp. 75-90.

Arostegui, M. N. Sanchez, F. B. e Molina, V. B. (2015), "Exploring the relationship between information technology competence and quality management", *Business Research Quarterly,* Vol. 18, No. 1, pp. 4-7.

Asmussen, C.G., Pedersen, T. , Dhanaraj, C. (2009), "Host-country environment and subsidiary competence: Extending the diamond network model", *Journal of International Business Studies*, 40(1):42-57.

Attila Chikan, (2008), "National and firm competitiveness: a general research model", *Competitiveness Review: An International Business Journal incorporando o Journal of Global Competitiveness,* Vol. 18, No. 1/2, pp.20 - 28.

Bayati, A. e Taghavi, A. (2007), "The impacts of acquiring ISO 9000 certification on the performance of

SMEs in Tehran", *The TQM Magazine,* Vol. 19 No. 2, pp. 140-149.

Bhaumik, S.K., Driffield, N. & Zhou, Y. (2016), "Country specific advantage, firm specific advantage and multinationality-Sources of competitive advantage in emerging markets: Evidence from the electronics industry in China", *International Business Review*, 25(1):165-176

Bhuiyan, N. e Alam, N. (2005), "A case study of quality system implementation in a small manufacturing firm", *International journal of Productivity and performance Management,* Vol. 54, No. 3, pp. 172-186.

Brkic, V. K., Djurduja, T., Dondur, N., Klarin, M. M. e Tomic, B. (2013), "An empirical examination of the impact of quality tools application on business performance: Evidence from Serbia", *Total Quality Management,* Vol. 24, No. 5, pp. 607-618.

Brown M. G., Hitchcock D. E e Willard M.L. (1994) Fails and what to Do about It, Irwin, Burr Ridge, IL.

Byoungho Jin, Hwy-Chang Moon, (2006), "The diamond approach to the competitiveness of Korea's apparel industry", *Journal of Fashion Marketing and Management*, Vol. 10, No. 2, pp. 195 - 208.

Chand, H. H. (2006), "Development of performance measurement system in quality management organizations", *The Service Industrial journal,* Vol. 26, No., 7, pp. 765-86.

Claver, E., Tari, J. J. e Molina, J. F. (2003), "Critical factors and result of quality management: an empirical study", *Total Quality Management*, Vol. 14, No. 1, pp. 91-118.

Corinna Dogl, Dirk Holtbrügge, Tassilo Schuster, (2012), "Competitive advantage of German renewable energy firms in India and China: An empirical study based on Porter's diamond", *International Journal of Emerging Markets*, Vol. 7, No. 2, pp. 191 - 214.

Clancy, P., O'Malley, E., O'Connell, L. & Van, E.C. (2001), "Industry clusters in Ireland: an application of Porter's model of national competitive advantage to three sectors", *European Planning Studies,* 9(1):7-28.

Crosby, P. B. (1979), "Quality is free: The art of making quality certain, Hodder & Stoughton, Nova Iorque, NY.

Das, A., Paul, H. &Swierczek, F.W. (2008), "Developing and validating total quality management (TQM) constructs in the context of Thailand's manufacturing industry", *Benchmarking: An International Journal,* 15(1):52-72.

Dahlgaard, Kristensen, Kanji, (1998), "Fundamentals of Total Quality Management, Chapman & Hall", Londres.

Daniel, I. Prajoo e Alan Brown, (2006), "Approaches to Adopting Quality in SMEs and the Impact on Quality Management Practices and Performance", *Total Quality Management*, Vol. 17, No. 5, pp. 555 -566.

David, G. e Sharma, B, (2009), "Investigation of the hard and soft quality management factors of Australian SMEs and their association with firm performance", *International Journal of Quality & Reliability Management,* Vol. 26 No. 9, pp. 865 880.

David, R. J. e Strang, D. (2006), "When fashion is fleeting: transitory collective belief and the dynamics of TQM consulting", *Academic Management Journal,* Vol. 49, No. 2, pp. 215 -33.

Deming, W. E (1982), "Quality, productivity and competitive positioning", MIT Center for Advance Engineering.

Deming, W. E. (1986), "Out of the crisis". MIT Center for Advance Engineering, Cambridge.

Deshmukh S. V. Lakhe, R. R. (2010), "Six sigma awareness in central India SMEs". *Int J Product Qual Manag,* Vol. 5, No. 2, pp. 200-212.

Deshmukh, S.V. Lakhe, R. R., (2010), "Six Sigma awareness in Central Indian SMEs", *International Journal of Productivity and Quality Management,* Vol. 5, No.2 pp. 200 - 212.

Doherty N. F. e Mark, T, (2013), "Improving competitive positioning through complementary organizational resources", *Industrial Management & Data Systems,* Vol. 113 No. 5, pp. 697-711.

Delgado, M., Porter, M.E. & Stern, S. (2014), "Clusters, convergence, and economic performance", *Research Policy,* 43(10):1785-1799.

Dogl, C. Holbriugge, D. & Schuster, T. (2012), "Competitive advantage of German renewable energy firms in India and China: an empirical study based on Porter's diamond", *International Journal of Emerging Markets,* 7(2):191-214.

Dobbs, M.E. (2014), "Guidelines for applying Porter's five force framework: a set of industry analysis templates", *Competitive Review,* 24(1):32-45.

Dong, Y. Kim, Kumar, V. e Kumar, U. (2012), "Relationship between quality management practices and innovation", *Journal of Operations Management*, Vol. 30, No. 4, pp. 295-315.

Dubey, R., Gunasekaran, A. e Ali, S. S. (2015), "Exploring the relationship, operational practices institutional pressure and environmental performance: A framework for green supply chain", *International Journal ofProduction Economics*, Vol. 160, pp. 120-132.

Fathian, M., Akhavan, P. e Hoorali, M. (2008), "E-reading assessment of non-profit ICT SMEs in a developing country: The case of Iran", *Technovation,* Vol. 28, No. 9, pp-578-590.

Esen, S. &Uyar, H. (2012), "Examination of competitive structure of Turkish tourism industries in comparison with diamond model", *Procedia: Social and BehaviorScience,* 62:620-627.

Fuentes, F. Montes, e Saez, A. C. (2007), "Quality management implementation across different scenarios of competitive structure: an empirical investigation, *International Journal ofProduction Research,* Vol. 45, No. 13, pp. 2975-2995.

Garvin, D., (1983), "Quality on the line", *Harvard Business Review,* setembro-outubro, pp. 6575.

Ghobadian, A. e Gallear, D. N. (1996), "Total quality management in SMEs", Omega, Vol.10, pp. 213-219.

Garrido, E.D. Martin, P.M.L. &Muina, F.G. (2007), "Práticas estruturais e infra-estruturais como elementos da estratégia de operações de conteúdo: o efeito na competitividade de uma empresa", *International Journal of Production Research*,45(9):2119-2140.

Gijo, E.V.,Scaria, J. & Antony, J. (2011). "Application of Six Sigma methodology to reduce defects of a grinding process", *Quality and Reliability Engineering International,* 27(8):1221-1234.

Gupta, H. e Nanda, T. (2015) 'A quantitative analysis of the relationship between drivers of innovativeness and performance of MSMEs', *Int. J. Technology, Policy and Management,* Vol. 15, No. 2, pp. 128-157.

Gunasekaran, A. Rai, B.K. & Griffin, M. (2011), "Resilience and competitiveness of small and medium size enterprises: an empirical research", *International Journal of Production Research,* 49(18):5489-5509.

Hautz, J., Mayer, M. e Stadler, C. (2014), "Macro-competitive context and diversification: The impact of Macroeconomic growth and foreign competition", *Long Range Planning*, Vol. 47, No. 6, pp. 337-352.

Hoang, D. T., Igel, B. e Laosirihongthong, T. (2006), "The impact of total quality management on innovation: findings from a developing country", International Journal Quality and Reliability Management, Vol. 23 No. 9, pp. 1092-117.

Ishikawa, K. (1976), Guide to quality control. *Organização Asiática de Produtividade*, Tóquio

Ismail, S., (2009), "Critical success fator for TQM implementation and their impact on performance of SMEs", *International journal of Productivity and Performance Management,* Vol. 58, No. 3, pp. 215-237.

Ivanovic, M. D. e Majstorovic, V. D. (2006), "Model developed for the assessment of quality management level in manufacturing systems", *The TQM Magazine*, Vol. 18 No. 4, pp. 410-23.

Jin, B. & Moon, H. (2006), "The Diamond approach to the competitiveness of the Korea's apparel industry", *Journal of Fashion Marketing and Management,* 10(2): 195-208.

Jitpaiboon, T. e Rao, S. S. (2007), "A meta-analysis of quality measures in Manufacturing system", *International Journal of Quality & Reliability Management,* Vol. 24, No. 1, pp. 78-102.

Jose, C. P. (2008), "TQM and performance in small medium enterprises", *International Journal of Quality & Reliability Managemen,t* Vol. 25 No. 3, pp. 256-275

Juran J.M., (1988), On planning for quality. Collier Macmillan, Londres. Nova Iorque: Free Press.

Karia, N. e Asaari, M. H. A. H. (2006), "The effect of total quality management practices on employee's work-related attitudes*", The TQM Magazine,* Vol. 18, No. 1, pp. 30-43.

Karim M. A Smith A. J. R. e Halgamuge, S. (2008), "Empirical relationship between some manufacturing practices and performance", *Internal Journal of Production Research*, Vol. 46, No. 13, pp. 358-3613.

Kaushik, P., Khanduja, D., Mittal, K., e Jaglan, P. (2012), "Application of Six Sigma methodology in a small and medium-sized manufacturing enterprise", *The TQM Journal,* Vol. 24, No. 1, pp. 4-16.

Kee - hung, L. e Chang, T. C. E. (2003), "Initiatives and outcomes of quality management implementation access industries", *Omega,* Vol. 31, No. 2, pp. 141-154.

Khanna H. K, Laroiya S C. e Sharma D. D. (2010), "Quality Management in Indian Manufacturing Organizations: Some Observations and Results from a Pilot Survey", *Brazilian Journal of Operations & Production Management*, Vol. 7, No. 1, pp. 141-162.

Khanna, H. K. (2009), "5 "S" and TQM status in Indian Organizations", *The TQM Journal*, Vol. 21, No. 5, pp. 486-501.

Khanna, H. K., Sharma, D. D. e Laroiya, S. C. (2011), "Identifying and ranking critical success factors for implementing of total quality management in the Indian manufacturing industry using TOPSIS", *Asian Journal of Quality,* Vol. 12, No. 1, pp. 124-138.

Kharub, M. e Sharma, R (2015), "Investigating the role of CSF's for successful implementation of quality management practices in MSMEs, *International Journal of System Assurance Engineering and Management,* DOI: DOI 10.1007/s13198-015-0394- y.

Koc T., (2007), "The impact of ISO 9000 quality management systems on manufacturing", *Journal ofMaterials Processing Technology,* Vol. 186, pp. 207-213.

Krell, K. e Matokk, S. (2009), "Competitive advantage from mandatory investments: an empirical study of Australian firms", *Journal of strategic information system,* Vol. 18, No. 1, pp. 31-45.

Kumar, M., Khurshid, K. K. e Waddell, D. (2014), "Status of Quality Management practices in manufacturing SMEs: a comparative study between Australia and the UK, *International Journal ofProduction Research,* Vol. 52, No. 21, pp. 6482-6495.

Kumar, S. e Sosnoski, M., (2009), "Using DMAIC Six Sigma to Systematically Improve Shop Floor Production Quality and Costs", *International Journal of Productivity and Performance Management,* Vol. 58, No.3, pp. 254-273.

Kumar, V., Choisne, F., de Grosfoir, D. e Kumar, U. (2009), "Impact of TQM on company's performance", *International Journal of Quality & Reliability Management"*, Vol. 26, No. 1, pp. 23-37.

Kaynak, M. (2003), "The relationship between total management practices and their effect on firm's performance", *Journal of Operational Management*, 21(6):405-435.

Lai, H. K. Cheng, T. C. E. (2003), "Initiative and outcomes of quality management implementation across industries", *International Journal of Management Science,* Vol. 31 No. 2, pp. 141-154.

Lewis, W. G., Pun, K. F. e Lalla, T.R.M. (2006a), "Exploring soft versus hard factors for TQM implementation in small and medium-sized enterprises", *International Journal of Productivity and Performance Management*, Vol. 55 No. 7, pp. 539-54

Lewis, W. G., Pun, K. F. e Lalla, T.R.M. (2006b) "Empirical investigation of the hard and soft criteria of TQM in ISO 9001 certified small and medium-sized enterprises", *International Journal of Quality & Reliability Management*, Vol. 23, No. 8, pp. 964-85.

Lin, Y. Ma, S. Zhou, L. (2012), "Manufacturing strategies for time based competitive advantage", *Industrial management and data systems,* Vol. 112, No. 5. pp. 729-747.

Lipovatz D., Stenos, F. e Vaka, A. (1999), "Implementation of ISO 9000 quality system in Greek enterprises", *International Journal of Quality & Reliability Management,* Vol. 16, No. 6, pp. 534-551.

Liu, D.Y. & Hsu, H.F. (2009), "An international comparison of empirical generalized double diamond model approaches to Taiwan and Korea", *Competitiveness Review: An International Business Journal,* 19(3):160-174.

Mady, T. M. (2009), "Quality management practices - An empirical investigation of associated constructs in two Kuwaiti industries", *International Journal of Quality & Reliability Management,* Vol. 26, No. 3, pp. 214-233.

Matthias, T. Moacir, G. F, Mark, S. Lawrence, D. e Fredendall, (2013), "Prioridades competitivas dos pequenos fabricantes no Brasil", *Industrial Management & Data Systems,* Vol. 113, No. 6, pp. 856 - 874.

Miller, W. J., Summer, A. T. e Deane, R. H. (2009), "Assessment of quality management practices with the healthcare industry", *American Journal of Economics and Business Administration,* Vol. 1, No. 2, pp. 105-13.

Mehrizi, M. &Pakneiat, M. (2008), "Comparative Analysis of Sartorial Innovation System and Diamond Model (The Case of Telecom Sector of Iran)", *Journal of Technology Management & Innovation,* 3(3):78-90.

Moon, H.C., Rugman, A.M. &Verbeke, A. (1998), "A generalized double diamond approach to the global competitiveness of Korea and Singapore", *International Business Review,* 7(2):135-150

Nanda, T. e Singh, T.P. (2009), "An assessment of the technology innovation initiatives in the Indian small manufacturing industry", *International Journal of Technology Policy and Management,* Vol. 9 No. 2, pp. 173-207.

Nair, S. K. e Ghosh, S. (2006), "Managerial Work Values in India: A Comparison Among Four Industry Sectors", *South Asian Journal ofManagement,* Vol. 13, No. 3, pp. 45-58.

Okpara J. O. (2009), "Strategic choices export orientation and export performance of SMEs in Nigeria", *Management Decision,* Vol. 47, No. 8, pp. 599-621.

Oz, O. (2002), "Assessing Porter's framework for national advantage: the case of Turkey", *Journal of Business Research,* 55(6):509-515.

Pandey, V. C. Garg, S. K, and Shankar, R. (2010), "Impact of information sharing on competitive strength of Indian manufacturing enterprises An empirical study", *Business Process Management Journal,* Vol. 16, No. 2, pp. 226-243.

Pérez-Aróstegui, M.N., Bustinza-Sànchez, F. e Barrales-Molina, V., (2015), "Exploring the relationship between information technology competence and quality management", *BRQ Business Research Quarterly,* Vol. 18, No. 1, pp.4-17.

Porter, M. (1990), "The Competitive Advantage of Nations", Simon and Schuster, *Free Press*, Nova Iorque.

Powell T. (1995), "Total quality management as competitive advantage: a review and empirical study", *Strategic Management Journal*, Vol. 16, No. 1, pp. 15-37.

Prajogo, D. I. (2005), "The comparative analysis of TQM practices quality performance between manufacturing and services firms", *International Journal of Service Industry Management,* Vol. 16, No. 1 pp. 217-28.

Prajogo, D.I. &Sohal, A.S. (2006), "The relationship between organization strategy, total quality management (TQM),and organizational performance-the mediating role of TQM", *European Journal of Operation Research*, 68(1):35-50.

Qin Su, Zhao Li, Su-Xian Zhang, Yuan-Yuan Liu, Ji-Xiang Dang, (2008), "The impacts of quality management practices on business performance: An empirical investigation from China", *International Journal of Quality & Reliability Management,* Vol. 25, No. 8, pp. 809-823.

Rajesh, K. Singh, Suresh K. Garg, S.G. Deshmukh, (2008) "Strategy development by SMEs for competitiveness: a review", *Benchmarking: An International Journal*, Vol. 15 No, 5 pp. 525 - 547.

Ross, J. E. (1994), "Total Quality Management: Text and Cases Readings, 2nd Edition Richardson, Terry (1997), *Total Quality Management*, Delmar Publishers, New York. 01.

Rugman, A.M. & Oh, C.H. (2008), "The international competitiveness of Asian Firm", *Journal of Strategy and Management,* 1(1):57-71.

Sahran, S., Zeinalnezhad, M. Muriati, M. (2010), "Quality Management in Small and Medium Enterprises: Experiences from a developing country", *International Review of Business Research Paper,* Vol. 6 No. 6, pp. 164-173.

Sadikoglu, E. &Zehir, C. (2010), "Investigating the effects of innovation and employee performance on the relationship between TQM practices and firm performance: an empirical study of Turkish firms", *International Journal of Production Economics*, 127(1):13-26.

Sanjay, L., Ahire, Ravichandra, T. (2001), "An innovation diffusion mode of TQM implementation", *IEEE Transactions on Engineering Management,* Vol. 48, No. 4, pp. 445-464.

Sharma, M. e Kodali, R. (2008), "TQM implementation elements for manufacturing excellence", *The TQM Magazine,* Vol. 47, No. 8, pp. 1281-1299.

Sharma, R. e Kharub, M. (2014), "Attaining competitive positioning through SPC - an experimental investigation from SME", *Measuring Business Excellence,* Vol. 18, No. 4, pp. 86-103.

Sharma, R. K. e Kharub M. (2015), "Qualitative and quantitative evaluation of barriers hindering the growth of MSMEs", Int. J. Business Excellence, Vol. 8, No. 6, pp. 724-746.

Sharma, R. K. e Sharma, R. G. (2014), "Integrating Six Sigma Culture and TPM Framework to Improve Manufacturing Performance in SMEs", *Quality Reliability and Engineering International*, Vol. 30, pp. 745-

765.

Sila, I. (2007), "Examining the effect of contextual factors on total quality management and performance through the lens of organizational theories: an empirical study", *Journal of operations Management,* Vol. 25, No. 1, pp. 83-109.

Singla. A. K. e Jain, A. K. (2014), "Emerging market firms: measuring their success with strategic positioning maps", *Journal of Business Strategy*, Vol. 35, No. 1, pp. 20-28.

Sroufe, R. e Curkovic, S. (2008), "An examination of ISO 9000: 2000 and supply chain quality assurance", *Journal of Operation Management,* Vol. 26, No. 4, pp. 503-520.

Su, H. C. Dhanorkar, S. Linderman, K. (2015), "A competitive advantage from the implementation timing of ISO management standards", *Journal of operational management,* Vol. 37. No. 1, pp. 31-41.

Subrahmanya, M. H. B. (2005), "SMEs in India: will they be able to join global chains? *The chartered accountant, setembro,* pp. 421-427.

Talib, F., Rahman, Z., e Qureshi, M. N. (2013), "An empirical investigation of relationship between total quality management practices and quality performance in Indian service companies", *International Journal of Quality and Reliability Management,* Vol. 30, No. 3, pp. 280-318.

Tari, J. J. (2005), "Component of successful total quality management", *The TQM magazine,* Vol. 17, No. 2, pp. 182-194.

Tari, J. J. e Sabater, V. (2004), "Ferramentas e técnicas da qualidade: São necessárias para a gestão da qualidade? *International Journal of Production Economies,* Vol. 92, No. 3, pp. 267280.

Taylor, W. A. e Wright, G. H. (2003), "A longitudinal study of TQM implementation: factors influencing success and failure", *The international Journal of Management Science*, Vol. 31, No. 2, pp. 97-111.

Terziovski, M., Sohal, A. S. e Moss, S. (1999), "Longitudinal analysis of quality management practices in Australian organisations", *Total Quality Management*, Vol. 10 No. 6, pp. 915-26.

Tufan Koc (2007) "O impacto dos sistemas de gestão da qualidade ISO 9000 no fabrico".

Journal ofMaterials Processing Technology, Vol. 18, No. 6, pp. 207-213.

Thurer, M.,Filho, G., Stevenson, M. &Fredendall, L. (2013), "Prioridades competitivas da pequena manufatura no Brasil", *International Management and Data System,* 113(6):856-874.

Ulengin, F.,Onsel, S.,Aktas, E.,Kabak, O. &Ozaydin, O. (2014), "A decision support methodology to enhance the competitiveness of the Turkish automotive industry", *European Journal of Operation research,* 234(3):789-801.

Wang, Z. Qiu, Y. Gui, S. (2006), "Quality competence: a source of sustained competitive advantage, *The journal of China university of posts and telecommunications,* Vol. 13, No. 1, pp. 104-108.

Wong, W.P., Soh, K.L. & Chong, L.C. (2016), "Differentiated service consumption and low cost production:

Striking a balance for a sustainable competitive advantage in Malaysia",*International Journal ofProduction Economics*, 181:450-459.

Wang, Q., Zhao, X. & Voss, C. (2016), "Customer orientation and innovation: A comparative study of manufacturing and service firms", *International Journal of Production Economics,* 171:221-230.

Yetton, P., Craig, J., Davis, J. &Hilmer, F. (1992), "Are diamonds a country's best friend? A critique of Porter's theory of national competition as applied to Canada, New Zealand and Australia", *Australian Journal of Management*, 17(1):89-119.

Youngho Jin, Hwy-Chang Moon, (2006), "The diamond approach to the competitiveness of Korea's apparel industry: Michael Porter and beyond", *Journal of Fashion Marketing and Management*, Vol. 10, No. 2, pp. 195 - 208.

Yusof, S. M. e Aspinwall, E. M. (2000), "Critical Success factors in Small and Medium Enterprises survey results", *Total Quality Management,* Vol. 11, No. 4. pp. 448-462.

Yusof, S.M. e Aspinwall, E.M. (2000) "Total quality management implementation frameworks: comparison and review", *Total Quality Management,* Vol. 11, No. 3. pp. 281-294.

Zakuan, N. M., Yosf, S. M., Laosirihongthong, T. e Shaharoun, A. M. (2010), "Proposed relationship of TQM and organization performance using structural equation modeling", *Total Quality Management*, Vol. 21, No. 2, pp. 185-203.

Zu, X., Fredendall, L.D.& Douglas, T.J. (2008), "The evaluating theory of quality management:

The role of six-sigma", *Journal of Operation Management,* 26(5):630-650.

APÊNDICE

<u>**QUESTIONÁRIO**</u>

<u>**INFORMAÇÃO SOBRE COMPETITIVIDADE**</u>

Assinale as caixas adequadas que representam as variáveis para medir o posicionamento competitivo da sua empresa numa escala de 1 a 5, sendo 1 - fortemente desfavorável, 2 - desfavorável, 3 - nem vantajoso nem desfavorável, 4 - vantajoso e 5 - fortemente vantajoso.

Determinantes	Variáveis casuais	Variáveis de substituição	1	2	3	4	5
Condições do fator	Factores básicos	Recursos naturais					
		Recursos físicos					
		Mão de obra não qualificada					
		Pessoal altamente qualificado					
	Factores avançados	Tecnologias de produção e de processamento					
		DPI e patentes					
		Infra-estruturas de comunicação					
Condições da procura	Volume de mercado	Dimensão do mercado					
		Padrão de crescimento					
	Sofisticação	Canais de distribuição					
		Novos investimentos na região					
Indústrias conexas e de apoio	Empresas associadas	Atualização tecnológica,					
		fluxo de informação					
		Desenvolvimento de tecnologias partilhadas					
	Apoio	Investimentos em I&D					
		Fornecedores e canais de distribuição					
		Marketing					
Estrutura da empresa, estratégia e rivalidade	Rivalidade	Inovação impulsionada					
	Estrutura/estratégia	Estrutura interna					
		Concentração geográfica					
Governo e cultura	Apoio governamental	Sistemas de apoio financeiro					
		regulamentação ambiental					
	Cultura	Impacto da cultura nacional					
		Clima empresarial					

Biografia do autor

Dr. Rajiv Kumar Sharma

Ph.D IIT Roorkee

Correio eletrónico: rksfme@nith.ac.in

O Dr. Rajiv Kumar Sharma trabalhou como *Chefe do Departamento* de Engenharia Mecânica, NIT Hamirpur, H.P. Índia e está atualmente a prestar serviços como docente no Departamento de Engenharia Mecânica. Recebeu o seu grau de doutoramento do *Instituto Indiano de Tecnologia*; IIT Roorkee-247667 Uttranchal, Índia, no ano de 2007. Orientou vários estudantes para projectos B.Tech e cerca de 15 estudantes para as suas dissertações de mestrado e 05 estudantes para doutoramento na área da cadeia de abastecimento, engenharia da qualidade, maquinagem por descarga eléctrica, fabrico flexível, prototipagem rápida, manutenção e fiabilidade. Possui uma experiência de investigação e ensino de cerca de 14 anos e mais de 50 publicações em revistas internacionais de renome, tais como *Int Jou of Prod Res., Int Jou Qlty Reliab. Mgmt, Indl Mgmt Data Syst., Int Jou Syst. Sci, Jol Loss Prev. in Process Indust., Reliab. Engg. Syst. Segurança, Quali. Reliab. Engg Intern., Competitiveness, Journal of Mechanical Engg Science, Imech E* publicados por editoras académicas de renome como a *Elsevier, Taylor&Francis, Wiley, Emerald e Inderscience*. Os seus interesses de investigação incluem o posicionamento competitivo das PME, modelação dos custos da qualidade, normas ISO 9000, FMEA, gestão da produção e das operações, gestão da qualidade total, engenharia de sistemas industriais e de fabrico, cadeia de abastecimento e Six Sigma. É membro do Conselho de Administração de revistas internacionais publicadas por editoras académicas de renome, como a Emerald e a Inderscience, tais como a International Journal of Quality and Reliability Management e a TQM Journal, ambas da Emerald Publishers.

TÍTULOS DE FORMAÇÃO

Bacharelato em Tecnologia. (Hons) Universidade Técnica de Punjab, Jalandhar, Punjab, Índia 2000

Mestrado em Tecnologia. (Hons) Universidade Thapar, Patiala, Punjab, Índia, 2002

Doutoramento, *IIT Roorkee, Uttrakhand, Índia, 2007*

yes I want morebooks!

Buy your books fast and straightforward online - at one of world's fastest growing online book stores! Environmentally sound due to Print-on-Demand technologies.

Buy your books online at
www.morebooks.shop

Compre os seus livros mais rápido e diretamente na internet, em uma das livrarias on-line com o maior crescimento no mundo! Produção que protege o meio ambiente através das tecnologias de impressão sob demanda.

Compre os seus livros on-line em
www.morebooks.shop

Printed by Books on Demand GmbH, Norderstedt / Germany